I0033243

Banda Ancha Inalámbrica

WiMAX

Andrés Enríquez

Jesús Hamilton Ortiz

Bazil Taha Ahmed

CloseMobile
ESPAÑA

Banda Ancha Inalámbrica: WiMAX

Autores:
Andrés Enríquez, Jesús Hamilton Ortiz, Bazil Taha Ahmed

ISBN: 978-84-941872-2-3
DL: B-25539-2013
DOI: http://dx.doi.org/10.3926/oms.195

A las mujeres de mi vida:

Yisela, Mery, Raquel y Malú...

Y también a los hombres:

Andrés Felipe, Eugenio y Victor Hugo.

Andrés E.

A mi familia con mucho cariño, especialmente a mi madre que está luchando con valentía un momento difícil en su vida que nos hace cuestionar toda nuestra existencia. Gracias Alba por todo lo que nos has dado y enseñado, gracias familia

A Andrés por permitirme compartir esta experiencia de investigación, Gracias

Jesús Hamilton Ortiz

A mi familia y a mi país de origen, Iraq

Bazil Taha Ahmed

Agradecimientos

Los autores quieren expresar sus agradecimientos a la Universidad Libre Seccional Cali en Colombia, y en particular al Ingeniero Fabián Castillo, Director de los programas de Ingeniería, por su apoyo en la escritura de este libro.

Igualmente, quieren agradecer a la empresa CloseMobile R&D en España, por sus incalculables aportes en la revisión y aportes para el desarrollo del libro que presentamos.

Andrés Enríquez, Jesús Hamilton Ortíz y Bazil Taha Ahmed

Editores

Índice

Lista de tablas

Lista de figuras

Lista de gráficas

Prólogo

En la actualidad, buena parte de las pequeñas empresas, poblaciones ubicadas en áreas rurales y los hogares en general, están requiriendo acceso de mayor velocidad a Internet del que podría ofrecer un módem tradicional en una conexión conmutada. Existen distintas alternativas para lograr este cometido, tales como ADSL (Asymmetric Digital Subscriber Line), cable módem, conexión por fibra óptica, radio enlace (micro-ondas, spread spectrum), entre otras.

Una de estas opciones es el Acceso Inalámbrico de Banda Ancha (BWA – Broadband Wireless Access), proyecto desarrollado en el año 1998 por la IEEE (Institute of Electrical and Electronics Engineers), pero sólo especificado en el año 2001 y publicado en el año 2002 como el estándar IEEE 802.16. Este estándar tiene como objetivo la especificación de la interfaz física y de la capa de enlace de datos para usuarios que requieren acceso de banda ancha inalámbrica con poco o ningún movimiento. La versión IEEE 802.16-2012 actualiza la versión del año IEEE 802.16-2009, que a su vez, actualizó la versión del año 2004 y la original del año 2001.

Las primeras versiones de IEEE 802.16 estaban pensadas para comunicaciones punto a punto o punto a multipunto, típicas de los radio enlaces por microondas y espectro ensanchado (spread spectrum). En este tipo de comunicaciones, los usuarios son fijos o con muy poco movimiento. Las próximas generaciones IEEE 802.16 ofrecen movilidad nómada, movilidad media y movilidad total, por lo que competirán con las redes celulares. Este es el escenario que paulatinamente vemos el día hoy.

El gran despliegue tecnológico de WiMAX (marca registrada de WiMAX Forum - Foro internacional que busca la apropiación del estándar IEEE 802.16 a nivel global), presume que la tendencia mundial de los fabricantes y proveedores de tecnología, es que apunten a la inundación masiva de productos que cumplan con los criterios de operatividad de WiMAX Forum Certified. Esto permitirá en un par de años, que WiMAX se encuentre en todo tipo de dispositivo electrónico que requiera alguna conexión a Internet o conexión de última milla.

A partir del segundo semestre del año 2009, poco a poco han aparecido en el mercado a disposición del usuario final, equipos con soporte a WiMAX tan variados, tales como: computadores portátiles, IPods, tarjetas de red PCI / PCMCIA / CARD BUS/ PC Card, equipos WiMAX / WiFi, dispositivos USB WiMAX con MP3/MP4 integrado y TV móvil, celulares, teléfonos inteligentes triple-modo (WiMAX, 3G & T-DMB) y dispositivos de Internet con varios modos (WiFi, WiMAX, Bluetooth).

Es tal el auge a nivel mundial de esta tecnología, que los grandes fabricantes de sistemas inalámbricos y comunicaciones móviles, tienen distintos frentes de trabajo en la tecnología emergente. Tal así, que ni siquiera los sistemas de comunicación celular se escapan de este desarrollo tecnológico de los últimos años.

La ITU en IMT-2000 (definido por el ITU Rec. M.1457), armoniza los sistemas móviles de telefonía celular 3G, y ayuda a prevenir la fragmentación y a incrementar las oportunidades para la interoperabilidad a nivel mundial. Las especificaciones para las versiones iniciales de las IMT2000, han concluido y el despliegue comercial de IMT2000 está en auge. La Recomendación UIT-R M.1645 de Junio de 2003, presentó el marco y objetivos generales del desarrollo futuro de las IMT-2000 y de los sistemas posteriores.

IMT-Advance provee una plataforma global en la cual construir las próximas generaciones de servicios móviles con acceso de datos rápido, mensajería unificada y multimedia de banda ancha, para permitir nuevos servicios interactivos. La Recomendación UIT-R M.2012 de Enero de 2012 presenta las Especificaciones detalladas de las interfaces radioeléctricas terrenales de las telecomunicaciones móviles internacionales-avanzadas para IMT-Advance. IMT-Advance soporta aplicaciones de baja y alta movilidad y un amplio rango de tasas de transferencia dependiendo de las demandas del usuario y servicio.

WiMAX móvil forma parte del IMT-Advanced para la definición 4G, en la Recomendación UIT-R M.2012.

WiMAX móvil es basado en OFDMA (Orthogonal Frequency Division Multiple Access), tecnología de acceso estandarizada por la IEEE en 802.16e-2005 en la enmienda al estándar IEEE Std 802.16. OFDMA, específicamente designado "WirelessMAN-OFDMA" en el estándar IEEE Std 802.16, provee tolerancia a interferencia y multi-ruta en condiciones de NLOS (non-line of sight - sin línea de vista), que permite lograr cobertura de banda ancha en un amplio rango de entornos de operación y empleo de modelos, tales como la total movilidad.

El estándar IEEE 802.16e-2005 Std es uno de los estándares aprobados globalmente que soporta la tecnología OFDMA. De la misma manera, evoluciones de 3G en desarrollo, tales como el proyecto de 3GPP, Long-Term Evolution (LTE), incorporan OFDMA.

La tecnología OFDMA es aceptada comúnmente como la base para la evolución de la tecnología celular 4G, pudiendo proveer alta tasa de transferencia y excelente soporte a nuevas características tales como las tecnologías de antenas avanzadas que permiten maximizar la cobertura y el número de usuarios soportados por la red. OFDMA provee inherentemente excelente soporte para tecnologías de antenas avanzadas, tales como MIMO y STC, que esencialmente consiguen las metas de rendimiento de la próxima generación de sistemas móviles y de LTE.

Igualmente, LTE se encuentra migrando desde redes conmutadas de circuitos, a redes totalmente IP (all-IP). De esta manera, el concepto all-IP es el núcleo de IMT-Advanced, la actualización de IMT-2000.

La definición oficial de la tecnología inalámbrica 4G fue liberada en 2012 en ITU IMT-Advanced, con la recomendación para la interfaz terrenal desarrollado por 3GPP como LTE Versión 10 y LTE-Avanzada, así como la interfaz IEEE especificación WirelessMAN-Advanced e incluida en IEEE 802.16m.

Dos de los requerimientos para estas tecnologías 4G son: que deben ser basadas en OFDMA y que soporten mínimo 100Mbps para aplicaciones móviles de banda ancha para alta movilidad y 1Gbps para baja movilidad.

Con la actual tecnología dominante en sistemas móviles 2.5G y 3G, tales como GSM/ EDGE, HSPA y EV-DO, la nueva tecnología 4G ha iniciado su penetración en el mercado mundial tímidamente al finalizar el 2012. Los estudios de pronósticos de ventas de equipos GSM/GPRS y GSM/EDGE, estiman que éstos han sido vendidos principalmente hasta el año 2011/ 2012, mientras los equipos con soporte a EV-DO y HSPA estarán disponibles hasta finales de 2013.

De esta manera, se cree que los operadores móviles iniciarán sus desarrollos 4G muy lentamente, manteniendo sus redes 3G por muchos años más y complementándolas paulatinamente con redes 4G. Algunos de estos despliegues ya están disponibles en Asia y otros en Europa.

Este documento presenta el estado del arte en el estándar IEEE 802.16, Interface aérea para sistemas de acceso inalámbrico de banda ancha fija que soportan servicios multimedia, así como la revisión del estándar IEEE 802.16e que es una actualización y ampliación del estándar aplicable tanto a entornos fijos como en movimiento. Incluye el estándar IEEE 802.16m en su versión actualizada en IEEE 802.16-2012.

Igualmente, se presenta revisión y explicación de los principales documentos desarrollados por WiMAX Forum que garantizan interoperabilidad entre distintos productos.

Palabras clave: 3G, 3GPP, 4G, Acceso Inalámbrico de Banda Ancha, estándares WirelessMAN, IEEE, IP-OFDMA, ITU, IMT-2000, IMT-Advanced OFDM, OFDMA, Portadora única, WiMAX.

Siglas y acrónimos

3

3GPP	3G Partnership Project
3GPP2	3G Partnership Project 2

A

AAS	Advanced Antenna System - Sistema de antenna avanzado
ADSL	Asymmetric Digital Subscriber Line
ACK	Acknowledge
AES	Advanced Encryption Standard
AG	Absolute Grant
AK	Authorization Key – Llave de autorización
AMC	Adaptive Modulation and Coding
A-MIMO	Adaptive Multiple Input Multiple Output (Antenna)
AMS	Adaptive MIMO Switching
ASA	Authentication and Service Authorization
ARQ	Automatic Repeat reQuest
ASN	Access Service Network
ASP	Application Service Provider

B

BE	Best Effort
BF	Beam Forming
BRAN	Broadband Radio Access Network
BS	Base Station – Estación Base.
Burst profile	Perfil de ráfagas
BWAA	Bandwidth Allocation/ Access
BWA	Broadband wireless access - Acceso inalámbrico de banda ancha

C

CA	Certification Authority - autoridad de certificación
CBC-MAC	Cipher block chaining message authentication code
CC	Chase Combining (also Convolutional Code)
CCI	Co-Channel Interference
CCH	Control subchannel
CCM	Counter with Cipher-block chaining Message authentication code
CCM CTR	Mode with CBC-MAC
CDF	Cumulative Distribution Function
CDMA	Code Division Multiple Access
CID	Conection Identifier – identificador de conexión
CINR	Carrier to Interference + Noise Ratio
CMAC	block Cipher-based Message Authentication Code
CP	Cyclic Prefix
CQI	Channel Quality Indicator

CQICH Channel quality information channel

CSIT Channel state information at the transmitter

CSN Connectivity Service Network

CSTD Cyclic Shift Transmit Diversity

CTC Convolutional Turbo Code

D

DAMA Demand Assigned Multiple Access - Acceso múltiple asignado por demanda

dBi Decibels of gain relative to the zero dB gain of a free-space isotropic radiator – Decibeles de gananacia relativo a cero dB de ganancia de un radiador isotrópico en el espacio libre

dBm Decibels relative to one milliwatt - Decibeles relativos a un milivatio

DCD Downlink Channel Descriptor - Descriptor del canal de bajada

DECT Digital Enhanced Cordless Communication

DFS Dynamic Frecuency Selection - Selección de frecuencia dinámica

DIUC Downlink Interval Usage Code - Código de uso en el intérvalo de bajada

DL Downlink - enlace de bajada

DLFP Downlink Frame Prefix - Prefijo de la trama de bajada

DL-MAP Subtrama de mapeo para tráfico downlink

DOCSIS Data Over Cable Service Interface Specification

DSL Digital Subscriber Line - Línea de suscriptor digital

DVB Digital Video Broadcast

E

EAP	Extensible Authentication Protocol
EESM	Exponential Effective SIR Mapping
EIRP	Effective Isotropic Radiated Power
ErtPS	Extended Real-Time Polling Service
ETSI	European Telecommunications Standards Institute - Instituto de estándares de telecomunicaciones Europeo
E-UTRA	Evolved-UMTS Terrestrial Radio Access
EV-DO	Evolution-Data Optimized
EV-DV	Evolution-Data Voice

F

FBSS	Fast Base Station Switching
FBWA	Fixed broadband wireless access
FCH	Frame Control Header
FCS	Frame Check Sequence - Secuencia de chequeo de trama
FDD	Frequency Division Duplex - Comunicación bidireccional empleando división de frecuencia
FDMA	Frequency Division Multiple Access
FEC	Forward error correction - Corrección de error hacia adelante.
FFT	Fast Fourier Transform - Transformada rápida de Fourier
FHDC	Frequency hopping diversity coding
FUSC	Full usage of subchannels

G

GKEK	Group key encryption key
GMH	Generic MAC header
GTEK	Group traffic encryption key

H

HARQ	Hybrid Automatic Repeat reQuest
H-ARQ	Hybrid Automatic Repeat reQuest
HCS	Header Check Sequence - Secuencia de chequeo de cabecera.
H-FDD	Half-duplex frecuency division duplex .
HHO	Hard Hand-Off
HiperMAN	High Performance Metropolitan Area Network
HMAC	keyed Hash Message Authentication Code
HO	Hand-Off or Hand Over
HSDPA	High Speed Downlink Packet Access
HSPA	High Speed Packet Access

I

IE	Information Element
IEEE	Institute of Electrical and Electronic Engineers - Instituto de Ingenieros Eléctricos y Electrónicos
IETF	Internet Engineering Task Force
IFFT	Inverse Fast Fourier Transform - Transformada rápida inversa de Fourier

IMS	IP Multi-Media Subsystem
IMT	International Mobile Telecommunications
IP	Internet Protocol
IR	Incremental Redundancy
ISI	Inter-Symbol Interference
ITU	International Telecommunications Union
IV	Initialization Vectors - Vectores de inicialización.

L

LOS	Line-of-Sight - Línea de vista.
LDPC	Low-Density-Parity-Check
LTE	Long Term Evolution
LMDS	Local Multipoint Distribution Service - Sistema de Distribución Local Multipunto)

M

MAC	Medium Access Control – control de acceso al medio.
MAI	Multiple Access Interference
MAN	Metropolitan Area Network – red de área metropolitana
MAP	Media Access Protocol
MBS	Multicast and Broadcast Service
MC-CDMA	Multi-Carrier Code Division Multiple Access
MCS	Modulation coding scheme
MDHO	Macro Diversity Hand Over

MIMO	Multiple Input Multiple Output
MMD	Multi-Media Domain
MMS	Multimedia Message Service
MPLS	Multi-Protocol Label Switching
MS	Mobile Station
MSO	Multi-Services Operator

N

NACK	Not Acknowledge
NAP	Network Access Provider
NLOS	Non-Line-of-Sight - Sin línea de vista
NRM	Network Reference Model
nrtPS	Non-Real-Time Polling Service
NSP	Network Service Provider

O

OFDM	Orthogonal Frequency Division Multiplexing – multiplexación por división de frecuencia ortogonal.
OFDMA	Orthogonal Frequency Division Multiplexing Access – Acceso por multiplexación por división de frecuencia ortogonal

P

PAK	Primary authorization key
PAPR	Peak to average power ratio
PEER	Entidad de igual capa en otro dispositivo
PER	Packet Error Rate
PF	Proportional Fair
PHS	Payload Header Suppression – supresión de la carga útil de la cabacera
PHSI	Payload Header Suppression Index
PHSF	Payload Header Suppression Field - PHSF
PHSM	Payload Header Suppression Mask
PHSS	Payload Header Suppression Size
PHSV	Payload Header Suppression Valid
PHY	Physical Layer – capa física
PKM	Privacy Key Management - administración de llave privada
PMK	Pair wise master key
PMP	Point-to-multipoint
PS	Physical Slot - Ranura física
PUSC	Partial usage of subchannels
PUSC-ASCA	PUSC adjacent subcarrier allocation

Q

QAM	Quadrature Amplitude Modulation
QPSK	Quadrature Phase Shift Keying

QoS Quality of Service – calidad de servicio

R

RG Relative Grant

RR Round Robin

RRI Reverse Rate Indicator

RTG Receive/transmit Transition Gap

rtPS Real-Time Polling Service

RTT Radio Transmission Technology

RUIM Removable User Identity Module

S

SA Security association – asociación de seguridad

SAE System Architecture Evolution

SAID security association identifier – identificador de asociación de seguridad

SAP service access point – punto de acceso de servicio.

SDMA Space (or Spatial) Division (or Diversity) Multiple Access

SDU service data unit – unidad de datos de servicio

SF service flow – flujo de servicio.

SFN Single Frequency Network

SFID service flow identifier – identificador de flujo de servicio.

SHO Soft Hand-Off

SIM Subscriber Identify Module

SIMO	Single Input Multiple Output
Single Carrier	Portadora única
SINR	Signal to Interference + Noise Ratio
SISO	Single Input Single Output
SLA	Service Level Agreement
SM	Spatial Multiplexing
SMS	Short Message Service
SN	Sequence number
SNIR	Signal to Noise + Interference Ratio
SNR	Signal to Noise Ratio
S-OFDMA	Scalable Orthogonal Frequency Division Multiple Access
SoHo	Small Office Home Office – oficina en casa, oficina pequeña
SS	Subscriber Station – Estación del cliente suscriptor
SSID	Subscriber station identification (MAC address)
SSRTG	SS Rx/ Tx Gap
SSTTG	SS Tx/ Rx Gap
STC	Space-Time Coding – codificación tiempo-espacio.
STTD	Space time transmit diversity

T

TDD	Time Division Duplex – comunicación bidireccional empleando división del tiempo
TDM	Time-Division Multiplexed – multiplexación por división del tiempo
TDMA	Time-Division Multiple Access – acceso múltiple por división del tiempo
TDFH	Time Division Frequency Hopping

TEK	Traffic Encryption Key – llave de encripción de tráfico
TTG	Transmit/receive Transition Gap
TTI	Transmission Time Interval
TU	Typical Urban (as in channel model)
TUSC	Tile usage of subchannels

U

UCD	Uplink Channel Descriptor – descriptor del canal de subida
UE	User Equipment
UEP	Unequal error protection
UGS	Unsolicited Grant Service
UL	Uplink – enlace de subida
UL-MAP	subtrama de mapeo para tráfico uplink.
UMTS	Universal Mobile Telecommunications System
USIM	Universal Subscriber Identify Module
UTRA	Universal Terrestrial Radio Access
UWC	Universal Wireless Communication

V

VoIP	Voice over Internet Protocol
VPN	Virtual Private Network
VSF	Variable Spreading Factor
VSM	Vertical Spatial Multiplexing

W

W-CDMA Wideband Code Division Multiple Access

WAP Wireless Application Protocol

WiBro Wireless Broadband

WiFi Wireless Fidelity

WiMAX Worldwide Interoperability for Microwave Access – Interoperabilidad a nivel mundial por acceso de microondas

WirelessMAN Standards Estándares desarrollados por el Grupo de trabajo IEEE 802.16

WirelessHUMAN Wireless High-speed Unlicenced Metropolitan area network

WISP Wireless Internet Service Provider – proveedor de servicio de Internet inalámbrico

1.- Introducción

El estándar IEEE 802.16 especifica un protocolo de red de área metropolitana que sea un sustituto para las actuales tecnologías existentes tales como cable módem, xDSL, servicios T1 y E1 en última milla, fibra óptica, entre otros; y a la vez, sea una solución de bajo costo a los usuarios que requieren acceso a redes de alta velocidad, en sitios de difícil acceso. Cubre bandas de frecuencias licenciadas y no licenciadas, permitiendo a los fabricantes tener un espectro de frecuencias amplio en que pueden desarrollas sus soluciones.

Las bandas no licenciadas usualmente son referidas como bandas ISM (Industry, Scientific, Medical) que pueden estar ubicadas en uno de los siguientes rangos de frecuencias:

- Banda de 900 MHz (902 a 928 MHz);
- Banda S-ISM 2.4 MHz (2.400 a 2.483,5 MHz);
- Banda C-ISM o U-NII 5 GHZ (5.150 a 5.250; 5.250 a 5.350; 5.470 a 5.725; 5.725 a 5.850 MHz).

Por su parte, el restante rango de frecuencias, corresponde a bandas licenciadas, las cuales varía de país a país, de acuerdo con sus políticas gubernamentales. Típicamente, se emplean rangos de frecuencias licenciadas en los 3.5GHz y 10.5 GHz para sistemas IEEE 802.16.

Como características generales del estándar podemos enunciar:

- Diseñado para ser empleado en redes metropolitanas y zonas rurales.
- Sustituto para conexiones de última milla.

- Soluciona las demandas existentes de ancho de banda para clientes residenciales y de negocios en aplicaciones de voz, datos, video, etc.

- Empleo como tecnología punto-multipunto con opciones de conexión en línea de vista, moderada línea de vista o sin línea de vista.

- Define la interfaz física - PHY y de enlace de datos - MAC para distintas opciones de conexión y de empleo de bandas licenciadas o no licenciadas en entornos fijos y/o móviles.

- Es independiente de protocolos de capas superiores.

- Emplea técnicas modernas de autenticación y cifrado.

- Utiliza de manera eficiente el ancho de banda, permitiendo hasta 134 Mbps en un canal de 28 MHz.

- Asigna ancho de banda por demanda a cada suscriptor (trama-a-trama).

- Soporta múltiples servicios en forma simultánea con total calidad de servicio (QoS): transporte eficiente de IPv4, IPv6, ATM, Ethernet, etc.

- La capa MAC es diseñada para hacer uso eficiente del espectro.

- Soporta múltiples asignaciones de frecuencia, con técnicas tales como OFDM y OFDMA.

- Utiliza técnicas duplex FDD y TDD.

- Puede emplear antenas adaptativas con codificación tiempo-espacio para mejor ganancia, cobertura o transferencia de datos en operación sin línea de vista.

Las características anteriores y los detalles del diseño del estándar que se presentarán a continuación, son todos definidos por IEEE desde el punto de vista de diseño. Aunque estas características son la base fundamental de cualquier desarrollo por parte de los fabricantes de tecnología, estas especificaciones en sí mismas no son suficientes, ya que no garantizan interoperabilidad entre los distintos productos de múltiples vendedores.

Similar al desarrollo que tuvieron las redes locales inalámbricas WLAN, en donde al trabajar en equipo los distintos fabricantes de tecnología sacaron adelante el proyecto WiFi, permitiendo que un sello de interoperabilidad garantizara que un producto se comunica con otro sin importar quien lo manufacturara, los fabricantes líderes de tecnología e impulsores del estándar IEEE 802.16, se organizaron en el Worldwide Microwave Interoperability Forum o WiMAX Forum.

Esta es una organización sin ánimo de lucro que ha sido caracterizada por promover la adopción del estándar asumiendo una demostrada interoperabilidad entre sistemas y componentes desarrollados por los fabricantes. WiMAX desarrolla planes de pruebas de conformidad e interoperabilidad, selecciona laboratorios de certificación y presenta eventos de interoperabilidad entre vendedores de tecnología IEEE 802.16 [3], [4].

1.1.- Oportunidades de mercadeo

Por ser un estándar relativamente reciente, que plantea entre otras características, ser un sustituto a tecnologías tradicionales o con cierto grado de madurez, se vislumbran los siguientes retos desde el punto de vista de mercadotecnia:

- Ser una alternativa de acceso a redes de banda ancha con relación a los métodos tradicionales que emplean cable módems, ADSL, sistemas coaxiales o enlaces de fibra óptica, a través del uso de antenas externas en las estaciones de suscriptores que se comunican con una estación base. Esto permite que limitaciones de tipo geográfico sean superadas con facilidad.

- Lograr acceso inalámbrico de banda ancha para permitir el rápido desarrollo de hotspots[1] donde la línea de vista no este disponible.

- Permitir acceso inalámbrico con nivel de servicio DSL a hogares o empresas tipo SOHO, que disponen de redes LAN / WLAN y requieren acceso de alta velocidad.

- Proporcionar a pequeños o medianos negocios con redes de área local propias, acceso de banda ancha en zonas rurales o apartadas, con niveles de servicio tipo T1, E1 o fraccional.

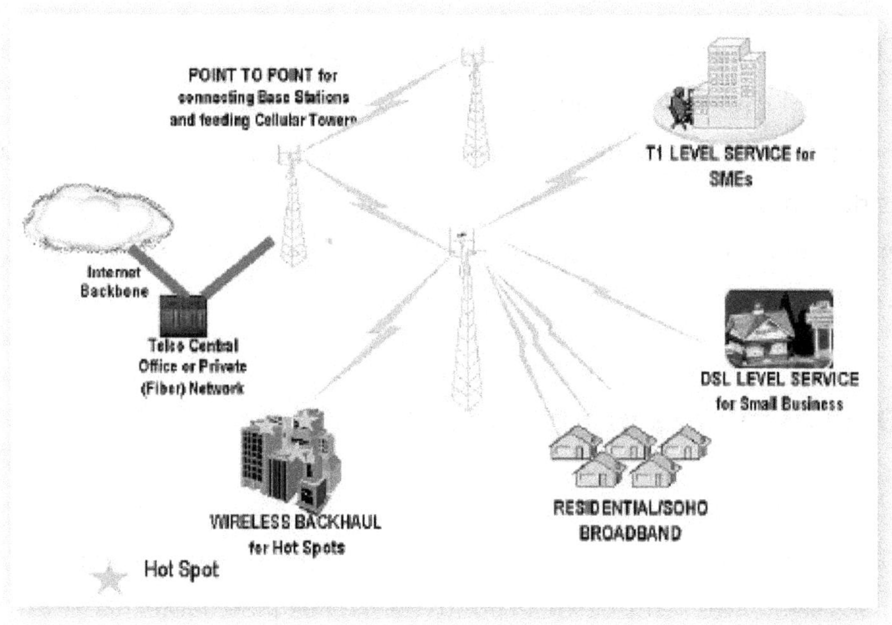

Gráfica 1. Desarrollo de redes BWA (IEEE 802.16) (Tomado de WiMAX Forum)

Estas y muchas otras consideraciones desde el punto de vista del mercado, pueden ser planteadas, ya que con sistemas de acceso inalámbrico de banda ancha tales como IEEE 802.16, se puede ahorrar enormes costos en implementación, comparados

[1] hotspots: puntos de acceso inalámbrico de alta velocidad, usualmente empleando IEEE 802.11a/b/g.

con los requeridos en el montaje de una infraestructura que ofrezca soluciones cableadas tradicionales.

La Gráfica 1 presenta una visión global en donde la aplicación de BWA es posible.

1.2.- Comparativo de WiMAX con otras tecnologías

El estándar IEE 802.16 puede alcanzar una velocidad de transmisión de más de 100 Mbit/s en un canal con un ancho de banda de 28 MHz (en la banda de 10 a 66 GHz), mientras que el IEEE 802.16a puede llegar a los 70 Mbit/s, operando en un rango de frecuencias por debajo de los 11 GHz. Desde este punto de vista es un claro competidor de LMDS (Local Multipoint Distribution Service - Sistema de Distribución Local Multipunto)[2]. La tabla 1 presenta a modo de resumen, un comparativo de WiMAX frente a otras tecnologías inalámbricas.

	WiMAX 802.16	WiFi 802.11	MBWA 802.20	UMTS y CDMA2000
Velocidad	134 Mbit/s	11-54 Mbit/s	16 Mbit/s	2 Mbit/s
Cobertura	40-70 km	100 m	20 km	10 km
Licencia	Si/No	No	Si	Si
Ventajas	Velocidad y Alcance	Velocidad y Precio	Velocidad y Movilidad	Rango y Movilidad
Inconvenientes	En desarrollo, Precio alto	Bajo alcance	Precio alto	Lento y caro

Tabla 1. Comparativo de WiMAX frente a otras tecnologías. Fuente: los autores

[2] LMDS es una tecnología de conexión vía radio inalámbrica que permite, gracias a su ancho de banda, el despliegue de servicios fijos de voz, acceso a Internet, comunicaciones de datos en redes privadas, y video bajo demanda.

Las velocidades tan elevadas de WiMAX se consiguen gracias a utilizar la modulación OFDM (Orthogonal Frequency Division Multiplexing) con 256 subportadoras (puntos FFT) y a OFDMA (Orthogonal Frequency Division Multiplexing Access) con hasta 2048 puntos FFT, la cual puede ser implementada de diferentes formas, según cada operador, siendo la variante de OFDM empleada, un factor diferenciador del servicio ofrecido.

Estas técnicas de modulación son las que también se emplea para la TV digital sobre cable o satélite, así como para Wi-Fi (802.11a/g), por lo que están suficientemente probadas. Soporta los modos FDD y TDD para facilitar su interoperabilidad con otros sistemas celulares o inalámbricos.

2.- Evolución del estándar IEEE 802.16

El proyecto de la IEEE nace en el mes de agosto de 1998 con el proyecto llamado National Wireless Electronic Systems Testbed (N-WEST) en U.S. National Institute of Standards and Technology – NIST [5]. Este esfuerzo de la NIST fue incorporado al grupo IEEE 802 como un grupo de estudio abierto, pero sólo en el mes de Julio de 1999 se tiene la primera sesión [4].

El objetivo primordial de la primera versión, IEEE 802.16-2001 [3], fué definir la interfase aérea en las capas MAC y PHY del modelo de referencia OSI, que sirva para el desarrollo de redes de área metropolitana inalámbricas fijas. De esta manera, se plantea el desarrollo del estándar de Acceso Inalámbrico de Banda Ancha (BWA).

A partir del año 2001, han sido varios los documentos técnicos desarrollados y actualizados de acuerdo a nuevos escenarios y requerimientos del entorno.

En Europa, ETSI (European Telecom Standards Institute) inicio con anterioridad, dos proyectos de similares características al de IEEE llamados HiperACCESS e HiperMAN. Sin embargo, el estándar de la IEEE finaliza primero [4]. El estándar IEEE 802.16-2001 se armoniza con el estándar ETSI HiperACCESS para frecuencias entre 10 y 66 GHz, mientras el estándar IEEE 802.16a-2003 lo hace con ETSI HiperMAN, para frecuencias menores a 11 GHz.

En el año 2004 la publicación IEEE 802.16-2004 [1], revisa y consolida los estándares previos en relación con sistemas fijos: IEEE Std.802.16-2001, IEEE Std.802.16a-2003 e IEEE Std 802.16c-2002. Esta versión sigue teniendo como foco principal el desarrollo de Acceso Inalámbrico en Banda ancha con soporte a multimedia para sistemas fijos.

Para el año 2005, dos nuevas publicaciones de IEEE son presentadas: IEEE Std.802.16e [2] y IEEE Std.802.16f. El primero trata sobre la interacción de sistemas fijos con sistemas móviles en la capa física PHY y MAC para operación en bandas licenciadas y no licenciadas, mientras el segundo, define la MIB (Management Information Base) para las capas PHY y MAC, y los procedimientos de administración asociados.

En Noviembre de 2006, la IEEE contribuyó a la ITU-R WP8F (contribución ITU-R WP/ 1065) para adicionar una nueva interface de radio designada como IP-OFDMA, basada en un específico caso de la IEEE 802.16 e incluida en ITU-R M.1457 (IMT-2000). [17]

IP-OFDMA es consistente con el perfil WiMAX móvil Release-1, en el que se especifica TDD con anchos de banda de 5 y 10 MHz.

En Diciembre de 2006, WiMAX Forum remitió al ITU-R WP8F la contribución ITU-R WP/1079, llamada "Additional Technical Details Supporting IP-OFDMA as an IMT-2000 Terrestrial Radio Interface".

IP-OFDMA es basado en la tecnología OFDMA y una red orientada a paquetes.

Con estas contribuciones, esta claramente identificada la dirección en que la tecnología móvil se esta orientando. El soporte a IP-OFDMA en la familia IMT-2000 habilita significante flexibilidad en opciones de desarrollo de redes y oferta de servicios.

La versión que define WiMAX Mobile, es la IEEE 802.16m (referencia a los documentos P802.16m PAR Proposal [27], e IEEE C802.16m-07/007 - [28]), los cuales son una enmienda a la especificación IEEE 802.16 WirelessMAN-OFDMA, para proveer un avance de la operación de la interfaz aire en bandas licenciadas. Esta consigue los requerimientos de la capa celular descritos en IMT-Advanced Next Generation Mobile Networks - NGMN.

De esta manera, el protocolo es diseñado para proveer significante mejora en el rendimiento comparado con otros sistemas de redes celulares de alta tasa de transferencia. Para la próxima generación de redes móviles, es importante considerar incrementos en los picos de transferencia, ratas de transferencia sustanciales, eficiencia espectral, capacidad en el sistema y cobertura de celdas, así como el decremento en la latencia y soporte total a QoS, sin olvidad el manejo eficiente de energía.

Por su parte, la versión coreana de WiMAX, WiBro, provee servicios de comunicación de datos a sus clientes empleando acceso de banda ancha inalámbrico basado en IEEE 802.16e. WiBro es la misma tecnología tal como la WiMAX móvil en términos de tecnología de acceso y soporte a movilidad. En la actualidad WiBro se utiliza en Corea y muchos otros países, debido a que inicialmente IEEE 802.16 únicamente se encontraba diseñado para usuarios fijos [29].

Al momento de escribir este libro, se tienen los siguientes documentos públicados por la IEEE [27]:

2.1.- Documentos en borrador y bajo desarrollo

Adendo al estándar IEEE Std 802.16-2012 (P802.16n Project): redes de alta confiabilidad.

Adendo al estándar IEEE Std 802.16.1-2012 (P802.16.1a Project): redes de alta confiabilidad.

2.2.- Estándares activos

IEEE 802.16-2012: revision del estandar IEEE Std 802.16, incluidos los estándares IEEE Std 802.16h, IEEE Std 802.16j, y el estándar IEEE Std 802.16m (excluyendo la interfaz de radio WirelessMAN-Advanced, la cual fue movida al IEEE Std 802.16.1). Este estándar fue publicado el 17 de Agosto de 2012.

IEEE Std 802.16p: adendo al estándar IEEE Std 802.16-2012 - mejoras para el soporte de aplicaciones máquina-a-máquina. Aprobado el 2012-09-30.

IEEE 802.16.1-2012: WirelessMAN-Advanced Air Interface for Broadband Wireless Access Systems – Interface aérea BWA para WirelessMAN-Advanced. Publicado el 2012-09-07.

IEEE Std 802.16.1b: adendo al estándar IEEE Std 802.16.1-2012 – mejoras para el soporte de aplicaciones máquina-a-máquina. Aprobado el 2012-09-30.

IEEE Std 802.16.2-2004: Ratificado por cinco años más el 2010-03-25.

IEEE Recommended Practice for Local and metropolitan area networks. Coexistence of Fixed Broadband Wireless Access Systems.

IEEE Std 802.16k-2007: Es un adendo del IEEE Std 802.D, previamente adendo del IEEE Std 802.17a - Standard for Local and Metropolitan Area Networks: Media Access Control (MAC) Bridges - Bridging of 802.16. Forma parte del IEEE 802.16.2-2004.

3.- Características generales del protocolo

IEEE 802.16 es basado en un protocolo común en la capa de enlace de datos - MAC con especificaciones en la capa física – PHY dependiente del espectro a usar y de las regulaciones asociadas en cada país donde opere.

La primera versión del estándar publicada en el año 2001, es especificada en el rango de frecuencias de 10 a 66 GHz, en donde el espectro es disponible a nivel mundial, pero que por emplear longitudes de onda corta, introduce retos significativos en su desarrollo, básicamente debido a que se requiere una línea de vista entre el suscriptor y la estación base [5]. La orientación inicial del empleo de este estándar era la conexión de usuarios en los hogares.

Define un SS (Suscriber Station – estación del suscriptor), la cual se conecta a través de radio frecuencia a un BS (Base Station – estación base). Típicamente un SS sirve como puerta de enlace a un edificio o una residencia. En cambio, un BS sirve como conexión para permitir el acceso de múltiples SS, y a través de él, conexión con redes públicas. Un SS sólo se podrá comunicar con otro SS a través de un BS.

La capa MAC fue definida como una conexión punto-multipunto para acceso a redes metropolitanas. Es orientada a conexión y soporta a usuarios en entornos geográficos difíciles. El diseño propuesto permite tener gran ancho de banda disponible, cientos de usuarios concurrentes por canal, soporte a tráfico continuo y de ráfagas y muy eficiente uso del espectro electromagnético.

Los protocolos soportados son independientes del núcleo, como por ejemplo ATM, IP, Ethernet, etc. Ofrece un manejo flexible de calidad de servicio (Quality of Service – QoS) empleando granularidad en cada clase.

En cuanto a seguridad, la capa MAC incluye una subcapa de privacidad (security sublayer) que provee autenticación para acceso a la red y establecimiento de la conexión para evitar el robo del servicio; se encuentra provisto de un mecanismo de llaves, encriptación de datos y privacidad.

En la versión del año 2002, IEEE 802.16a extiende el rango de frecuencias para la interfase aérea desde 2 a 11 GHz, incluyendo en este rango espectros de radiofrecuencia licenciados y no licenciados. Comparado con las señales de altas frecuencias, este espectro ofrece la oportunidad de alcanzar muchos mas clientes de una manera más económica, empleando ratas de transferencia menores. El servicio entonces se reorienta a usuarios individuales en los hogares y empresas pequeñas o medianas.

La versión IEEE 802.16c del año 2002 describe los perfiles del sistema en detalle, lo cual es una especificación de combinaciones particulares de opciones para lograr las bases de conformidad y pruebas de interoperabilidad. Se crean pruebas para los perfiles MAC en ATM y para paquetes IP, así como perfiles para la capa PHY en 25 y 28 MHz con técnicas FDD (Frecuency-Division Duplex) y TDD (Time-Division Duplex).

Básicamente estas dos técnicas de duplexación empleadas por IEEE 802.16 (FDD y TDD), permiten recibir y transmitir en forma simultánea. La técnica FDD se basa en un esquema de comunicación duplex, en el que se emplea simultáneamente una frecuencia para el enlace de subida (uplink) y otra frecuencia distinta para el enlace de bajada (downlink). Cada usuario tiene su propia frecuencia. La técnica TDD es un esquema de comunicación duplex que se caracteriza por emplear la misma frecuencia para uplink y downlink, en intervalos de tiempos distintos, llamados time-slots. La gráfica 2 muestra estos dos tipos de duplexación.

Existen varias técnicas de multiplexación, entre ellas la FDM (Frequency-division multiplexing) y la TDM (Time-division multiplexing). FDM se basa en que el ancho de banda útil del medio, excede el ancho de banda requerido para una señal dada, mientras TDM se basa en que la tasa de datos alcanzable en el medio, excede la tasa de datos requerida por una señal digital.

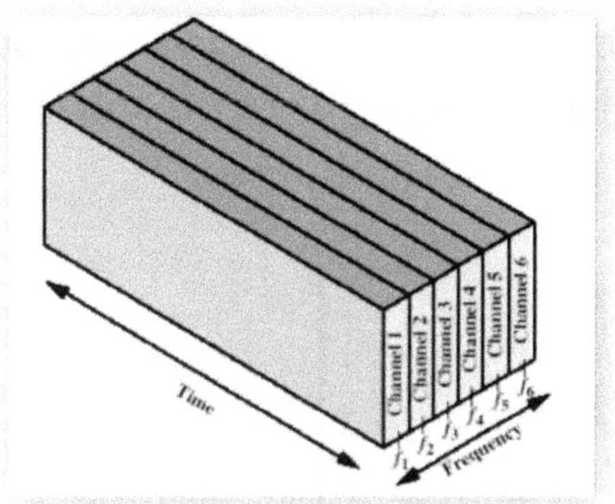

Multiplexación por división de frecuencia - FDM

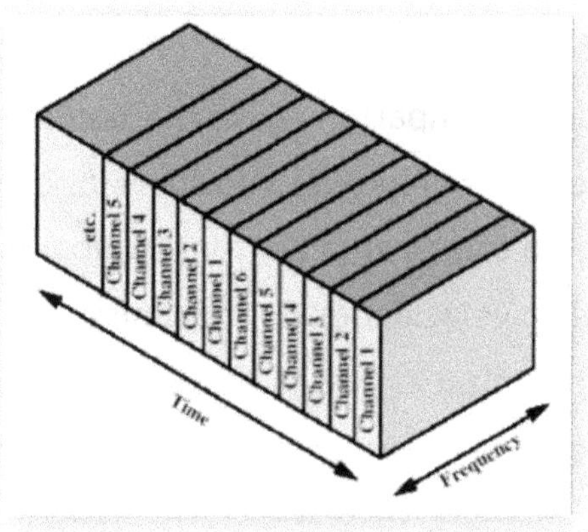

Multiplexación por división del tiempo - TDM

Gráfica 2. Técnicas de multiplexación

Como técnicas de acceso al medio se pueden emplear FDMA (Frequency Division Multiple Access), TDMA (Time Division Multiple Access), FDMA/TDMA Hibrido y OFDM (Orthogonal Frequency Division Multiplexing).

FDMA asigna una banda de frecuencia diferente a cada usuario. La banda de frecuencia o canal es asignado bajo demanda. El espectro disponible (banda ancha) es dividido en un gran número de canales de banda angosta. La transmisión es continua, y no implica el envío de tramas o bits de sincronización. Se requiere filtrado de la señal de RF para minimizar la interferencia de canales adyacentes y radiación espuria . Se emplea usualmente en combinación con FDD para la duplexación. La gráfica 3 muestra la técnica de acceso al medio FDMA.

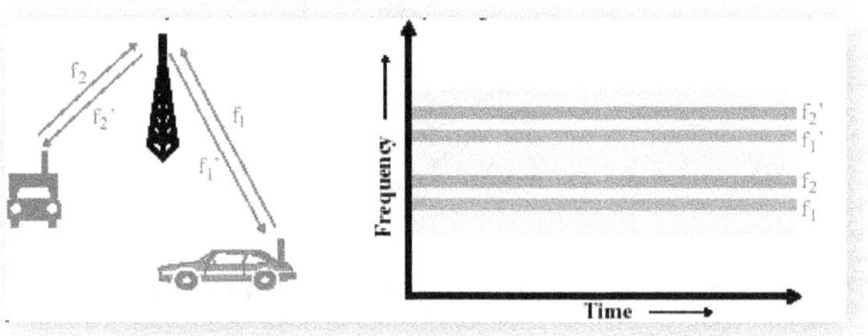

Gráfica 3. Técnica de acceso al medio FDMA

En TDMA múltiples usuarios comparten la misma banda de frecuencia repitiendo cíclicamente los intervalos de tiempo. Se considera la canal como un intervalo de tiempo particular recurrente cada trama de N intervalos. Es necesaria la ecualización adaptativa debido a las altas velocidades de transmisión de datos y multitrayectoria. Se requieren bits para sincronización y bits de guarda; estos últimos empleados por las variaciones de retardo en la propagación. Se emplea usualmente combinado con TDD o FDD.

Cuando se emplea TDMA/TDD, la mitad de los intervalos en una trama son utilizados para el uplink, y la otra mitad para el downlink. La gráfica 4 presenta la técnica de acceso al medio TDMA/FDD.

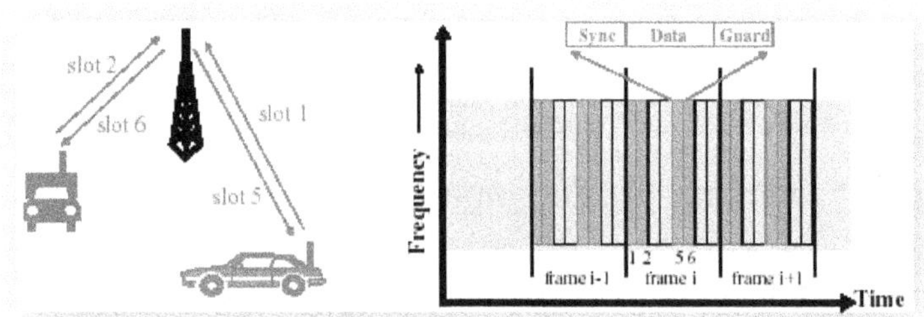

Gráfica 4. TDMA/FDD: Tramas idénticas, sobre dos frecuencias

La técnica FDMA/TDMA híbrida, emplea múltiples portadoras con múltiples canales por portadora. El canal se considera como una banda de frecuencias en un intervalo de tiempo. Puede emplear el salto de saltos para combatir el desvanecimiento por multitrayectoria (TDFH, Time Division Frequency Hopping). Esta técnica permite incrementar la capacidad del sistema. La gráfica 5 presenta esta técnica.

La técnica OFDM (Orthogonal Frequency Division Multiplexing) muy similar a Coded OFDM (COFDM) y Discrete multi-tone modulation (DMT), es un esquema de multiplexación por división de frecuencia (FDM) empleado como un método de modulación digital multiportadora. En este método, un gran número de subportadoras ortogonales espaciadas muy cercanamente son usadas para transportar datos. Los datos son divididos en varios flujos de datos en paralelo o canales, uno por cada subportadora.

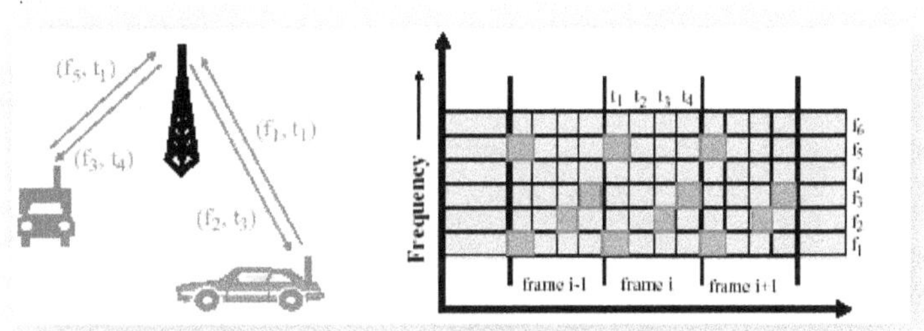

Gráfica 5. Técnica de acceso al medio FDMA/TDMA

Cada subportadora es modulada con un esquema de modulación convencional, tales como QAM o FSK. Para lograr una baja tasa de símbolo, mantiene la tasa de datos total similar a la lograda por un esquema de modulación convencional de portadora única en el mismo ancho de banda. La principal ventaja de OFDM sobre esquemas de portadoras únicas es su habilidad de coexistir con varias condiciones severas del canal. Por ejemplo, la atenuación de altas frecuencias en cables de cobre de larga distancia o interferencia de banda angosta y desvanecimiento selectivo de frecuencias en el multitrayecto, lo cual requerirá en estos casos, filtros de ecualización complejos.

La ecualización de canales es simplificada debido a que OFDM usa muchas señales de banda angosta moduladas lentamente, en vez de una única señal de banda ancha modulada rápidamente.

En IEEE 802.16 la comunicación uplink la realiza un SS hacia un BS, y emplea usualmente el método de acceso TDMA (time-division multiple access). La comunicación downlink se realiza entre un BS cuando se comunica con un SS y emplea generalmente el método de acceso TDM (time-division multiplex).

4.- Revisión del estándar IEEE 802.16

Este apartado presenta revisión de los estándares IEEE WirelessMAN 802.16 en la versión IEEE 802.16-2004. En la fecha de publicación, la versión aplicable es IEEE Std 802.16.2-2004.

La versión IEEE 802.16-2012 (WirelessMAN-Advanced Air Interface for Broadband Wireless Access Systems) presenta la revision del estandar IEEE Std 802.16, incluidos los estádares IEEE Std 802.16h, IEEE Std 802.16j, y el estándar IEEE Std 802.16m. El estándar IEEE Std 802.16.1 especifica la interfaz de radio WirelessMAN-Advanced.

4.1.- Modelo de referencia

El protocolo desarrolla en su modelo de referencia las capas de enlace de datos (MAC) y capa física (PHY).

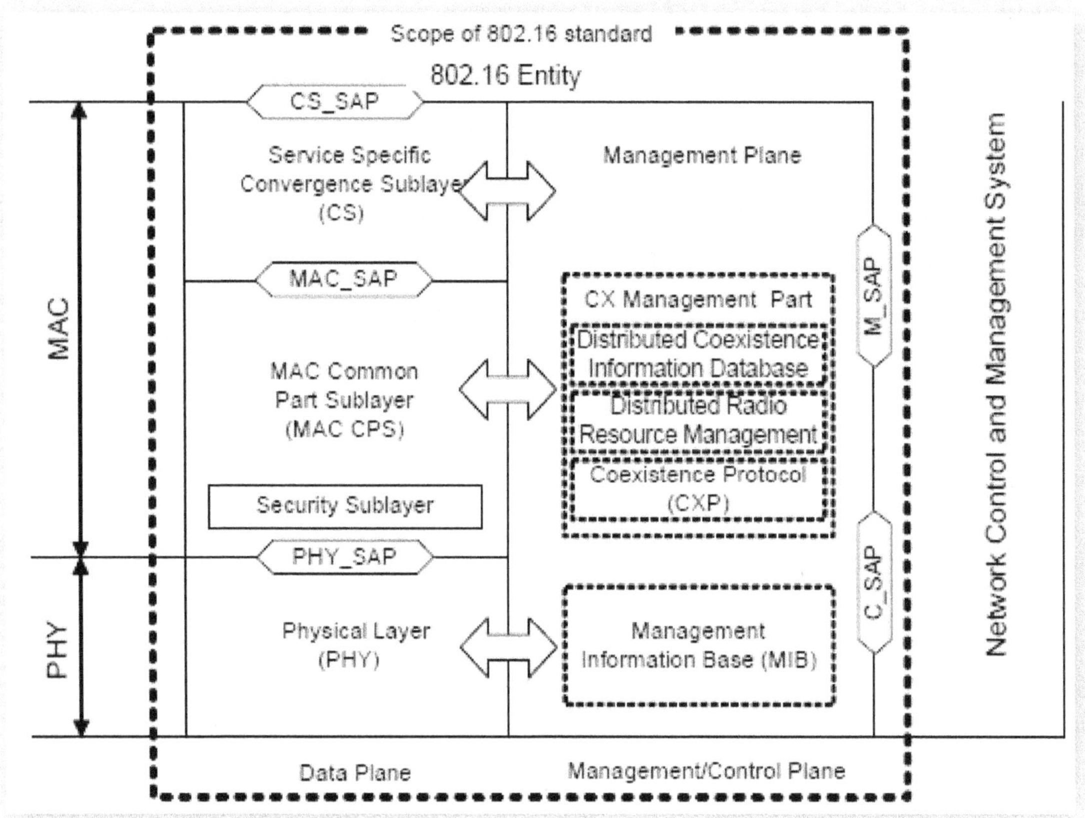

Figura 1. Modelo de Referencia del protocolo IEEE 802.16 mostrando SAPs

La figura 1 muestra el modelo de referencia y alcance del estándar IEEE 802.16. En este modelo se observa que se plantean dos planos: plano de control /datos y el plano de administración. El alcance de este libro es únicamente el plano de datos.

El estándar IEEE 802.16f-2005 tiene como alcance proveer ampliación del estándar IEEE 802.16-2004, definiendo el sistema de administración de red (Network Management System) basado en MIBs (Management Information Base) para las capas

MAC y PHY, y los procedimientos de administración asociados. La versión IEEE 802.16-2012 dedica un apartado a este componente, el cual no es tratado en este libro.

4.2.- Capa de enlace de datos

La capa MAC se encuentra dividida en tres subcapas:

- La subcapa CS (Service-Specific Convergence Sublayer), subcapa de convergencia.
- La subcapa CPS (Common Part Sublayer), subcapa de parte común.
- La subcapa Security – subcapa de seguridad.

4.2.1 Subcapa CS

Provee cualquier transformación o mapeo de datos de red externos recibidos a través de la capa CS del service access point (SAP), en MAC SDUs recibidos por la subcapa MAC CPS a través del MAC SAP.

El MAC SAP es un punto de la pila del protocolo donde los servicios de capas inferiores están disponibles para la siguiente capa superior.

Las SDUs son unidades de datos intercambiadas entre dos capas de protocolo adyacente. En dirección descendente, esta es la unidad de datos recibida de la capa inmediatamente superior. En el sentido ascendente, es la unidad de datos que se envía a la capa inmediatamente superior.

Este procedimiento incluye clasificar unidades de datos de servicios de red externos (SDUs) y su asociación a un apropiado identificador de flujo de servicio (SFID) y el identificador de conexión (CID). También puede incluir funciones tales como la supresión de la cabecera de carga útil (payload header suppression - PHS).

Múltiples especificaciones CS son provistas para hacer interfase con varios protocolos. El formato interno de la carga útil del CS es único para el CS, y la subcapa MAC CPS no es requerida para entender el formato o dividir cualquier información desde la carga útil del CS.

4.2.2 Subcapa MAC CPS

Provee el núcleo de funcionalidad de acceso al sistema, localización de ancho de banda, establecimiento y mantenimiento de la conexión. Esta subcapa recibe datos desde varios CSs a través del MAC SAP, clasificado para conexiones MAC particulares.

La calidad de servicio QoS es aplicada para la transmisión y programación de datos sobre la capa PHY.

4.2.3 Security Sublayer

La subcapa MAC contiene de una forma separada, una capa de seguridad que provee autenticación, intercambio seguro de llaves basada en el protocolo PKM (Privacy Key Managment) especificación DOCSIS BPI+ y un mecanismo de encripción fuerte.

Los datos, control de la capa PHY y estadísticas, son transferidas entre la MAC CPS y la capa física PHY a través del PHY SAP, la cual es una implementación específica del protocolo.

4.3.- Capa física

La capa física incluye múltiples especificaciones, cada una apropiada para un rango de frecuencias y aplicaciones en particular. Encontramos en esta capa las siguientes especificaciones:

- WirelessMAN-SC
- WirelessMAN-SCa
- WirelessMAN-OFDM
- WirelessMAN-OFDMA
- WirelessHUMAN

Los siguientes capítulos describirán en detalle, cada una de las especificaciones citadas anteriormente.

5.- Capa física - PHY

Para el rango de frecuencias entre 10 a 66 GHz que es un rango de frecuencias licenciadas, la capa física (PHY) es basada en la modulación de una única portadora. Esta modulación de portadora sencilla o única portadora es referenciada en el estándar como interfase aérea WirelessMAN-SC.

En este espectro, la línea de vista (line-of-sight - LOS) es requerida y las múltiples rutas o caminos entre un SS y un BS son despreciables. El ancho de banda de un canal es típicamente 20 o 25Mhz (caso de U.S.) o 28 MHz (caso Europeo), con ratas de transferencia brutas superiores a los 120 Mbps y con un mercado objetivo en las empresas pequeñas o medianas (Small Office/ Home Office –SOHO) a través de aplicaciones de medianas o grandes empresas operadoras.

Bajo este esquema, la BS transmite señales TDM, con estaciones individuales de suscriptores SS localizadas serialmente en time-slots. El acceso en dirección uplink emplea TDMA.

El diseño para el soporte de ráfagas en comunicación duplex permite seleccionar entre TDD (time-division duplexing) en el cual el uplink y downlink comparten el mismo canal, por lo que no transmiten simultáneamente, y FDD (frecuency-division duplexing), método en el que el uplink y downlink operan en canales separados y en forma simultánea. El diseño para soporte de tráfico continuo y de ráfagas permite el empleo de cualquiera de los métodos TDD y FDD.

Para soporte a Half-duplex, las estaciones de suscriptor SS emplean TDD que es menos costoso que FDD, aunque no pueden transmitir y recibir en forma simultánea.

Tanto TDD como FDD permiten perfiles de ráfagas adaptativas, en las cuales la modulación y codificación pueden ser dinámicamente asignadas ráfaga-a-ráfaga.

En el rango de frecuencias entre los 2 y 11 GHz, la capa física - PHY parte de la premisa que la propagación de radiofrecuencia con múltiples rutas puede ser significativa (debido al empleo de una frecuencia más baja), y que la posibilidad de no tener línea de vista (Non-line-of-sign - NLOS) puede ser aceptada. Desde esta perspectiva, tres alternativas de modulación son provistas por el estándar: OFDM PHY (con 256 puntos de transformación - FFT[3]), OFDMA PHY (con 2048 puntos de transformación - FFT) y modulación con portadora única.

Las frecuencias por debajo de los 11 GHz proveen un entorno físico en donde se tienen longitudes de onda mas grandes, la línea de vista no es necesaria (LOS) y los múltiples caminos pueden ser abundantes. La habilidad de soportar escenarios con una cercana línea de vista, (near-line-of-sign – near-LOS) y la NO línea de vista (non-line-of-sign - NLOS), requieren en la capa física funciones adicionales, tales como técnicas de manejo avanzado de potencia, coexistencia o mitigación de la interferencia y el empleo de múltiples antenas.

También incluye mecanismos para regulación de conformidad llamados Selección dinámica de frecuencia (Dynamic Frecuency Selection – DFS), sistemas de antena avanzados (Advanced Antenna System – AAS), y mecanismos de codificación en espacio-tiempo (Space-Time Coding – STC) [2], [3].

En la tabla 2 se compendia el estándar IEEE 802.16 detallando la nomenclatura empleada, la aplicabilidad (relacionada con la banda de operación, licenciada o no licenciada), especificación de la capa PHY (define que método de acceso empleado para uplink y downlink, así como el mecanismo de modulación), funciones avanzadas y sus mecanismos asociados, así como los mecanismos de transmisión duplex que puede utilizar [2].

Se observa en la misma tabla los métodos empleados para la opción de BWA en sistemas móviles. Estos métodos se encuentran subrayados en la tabla 1, y son todos especificados en IEEE 802.16e-2005 [2].

---

[3] FTT: Fast Fourier Transform.

En resumen, la implementación de este estándar para frecuencias licenciadas entre los 10 y 66 GHz se realiza empleando WirelessMAN-SC; para frecuencias por debajo de los 11 GHz debe cumplir con una de las siguientes especificaciones: WirelessMAN-SCa PHY, WirelessMAN-OFDM PHY, WirelessMAN-OFDMA PHY o WirelessMAN-SC PHY (similar al definido para frecuencias de 10-66 GHz).

Designación	Aplicabilidad	Especificación PHY	Opciones	Alternativas Duplex
WirelessMAN-SC™	Banda 10-66 Ghz	TDM (Downlink) TDMA (Uplink) QPSK, 16-QAM 64-QAM	-	TDD FDD
WirelessMAN-SCa™	Bandas licenciadas < 11 Ghz	TDM/TDMA (Dowlink) TDMA (Uplink) BPSK, QPSK 16-QAM, 64-QAM	AAS ARQ STC mobile	TDD FDD
WirelessMAN-OFDM™	Bandas licenciadas < 11 Ghz	264 Puntos FFT con modulación OFDM	AAS ARQ Mesh STC mobile	TDD FDD
WirelessMAN-OFDMA SIN TM	Bandas licenciadas < 11 Ghz	2048 Puntos FFT con modulación OFDMA	AAS ARQ HARQ STC mobile	TDD FDD
WirelessMAN-HU-MAN™	Bandas licenciadas < 11 Ghz	WirelessMAN-SCa WirelessMAN-OFDM WirelessMAN-OFD-MA	AAS ARQ Mesh STC	TDD

Tabla 2. Resumen de la capa PHY

La implementación del estándar para frecuencias no licenciadas por debajo de los 11 GHz debe cumplir con una de las siguientes especificaciones: WirelessMAN-SCa PHY,

WirelessMAN-OFDM PHY o WirelessMAN-OFDMA PHY. También debe cumplir con el protocolo DFS (Dynamic Frecuency Selection) y con las características de canalización descritas en WirelessHUMAN.

La versión IEEE 802.16.2-2004 trata la coexistencia de sistemas fijos de banda ancha (FBWA) que operan en el rango de frecuencias de 23.5–43.5 GHz; coexistencia de sistemas FBWA con sistemas punto a punto que operan en 23.5–43.5 GHz y coexistencia con sistemas FBWA que operan en frecuencias en 2–11 GHz en bandas licenciadas [31].

La tabla 2a presenta la actualización de nomenclatura para la interfaz de aire de acuerdo con la revisión del estándar en 2012.

Designación	Aplicabilidad	Alternativa de duplexación
WirelessMAN-SC Release 1.0	Banda 10-66 Ghz	TDD / FDD
WirelessMAN-OFDM™ (fijo)	Bandas licenciadas < 11 Ghz	TDD / FDD
WirelessMAN-OFDMA (fijo)	Bandas licenciadas < 11 Ghz	TDD / FDD
WirelessMAN-OFDMA TDD Release 1.0	Bandas licenciadas < 11 Ghz	TDD
WirelessMAN-OFDMA TDD Release 1.5	Bandas licenciadas < 11 Ghz	TDD
WirelessMAN-OFDMA FDD Release 1.5	Bandas licenciadas < 11 Ghz	FDD
WirelessMAN-OFDMA MR	Bandas licenciadas < 11 Ghz	TDD
WirelessMAN-HUMAN	Bandas exentas de licencia < 11 Ghz	TDD
WirelessMAN-CX	Bandas exentas de licencia < 11 Ghz	TDD
WirelessMAN-UCP	Bandas exentas de licencia < 11 Ghz	TDD

Tabla 2a. Variantes de la nomenclatura en la interfaz de aire de acuerdo con IEEE 802.16-2012[33].

5.1.- Especificación PHY WIRELESSMAN-SC

La especificación física PHY destinada para la operación en la banda de frecuencias licenciadas de 10-66 GHz, es diseñada con alto grado de flexibilidad para permitir a los proveedores de servicio, la posibilidad de optimizar el desarrollo de sistemas tomando como base la planificación de celdas, costos de implementación, capacidades de los radios y servicios ofrecidos.

Para permitir un uso flexible del espectro, las configuraciones FDD y TDD son soportadas. Ambos casos usan formatos para transmisión de ráfagas con mecanismos de entramado; soportan perfiles de ráfagas adaptados en parámetros de transmisión, incluyendo esquemas de modulación y codificación, que pueden ser ajustados individualmente para cada SS de una forma trama-por-trama. En FDD se soporta operación full-duplex y half-duplex.

El uplink PHY (comunicación de los SSs hacia el BS) es basado en una combinación de TDMA y DAMA (Demand Assigned Multiple Access – acceso múltiple localizado por demanda). Un canal uplink es dividido en un número de time-slots. El número de slots asignados para varios usos es controlado por la capa MAC en el BS y puede variar en el tiempo para lograr un óptimo rendimiento. Entre los usos frecuentes del canal se encuentran: registro, contención, canal de guarda o tráfico de usuarios.

Un canal downlink (comunicación del BS hacia los SSs) emplea TDM con información de cada SS multiplexado en un flujo de datos simple, que es recibido por todos los SS en un mismo sector. Para soporte half-duplex empleando FDD, los SS hacen provisión en una porción TDMA en el canal downlink.

El downlink PHY incluye una subcapa de Convergencia en la Transmisión que inserta un byte como puntero al comienzo del payload, y que servirá para ayudar al SS que recibe, a identificar el comienzo de la PDU MAC. Los bits de datos que vienen de la subcapa de convergencia en transmisión son aleatorizados, codificados en FEC y mapeados a QPSK, 16-QAM o 64-QAM (opcionalmente).

El uplink PHY es basado en transmisión de ráfagas TDMA. Cada ráfaga es diseñada para llevar PDUs MAC de longitud variable. El transmisor aleatoriza los datos de entrada, los codifica en FEC y mapea los bits de código en QPSK, 16-QAM (opcional) o 64-QAM (opcional).

En cuanto a la transmisión de tramas, en cada trama existe una subtrama de uplink y otra subtrama de downlink. La subtrama de downlink comienza con la información necesaria para el control y sincronización de tramas.

En el caso de TDD, la subtrama downlink inicia primero, seguida por la subtrama uplink. Para el caso de FDD las transmisiones de subtramas uplink ocurren al mismo tiempo que las subtramas downlink.

Cada SS intentará recibir todas las porciones de downlink, excepto para aquellas ráfagas en el que el perfil de ráfaga no este implementado en el SS o sea menos robusto que el actual perfil operacional de ráfaga.

La figura 2 muestra a modo de ejemplo, la asignación de ancho de banda en FDD para tráfico broadcast, full-duplex y half-duplex.

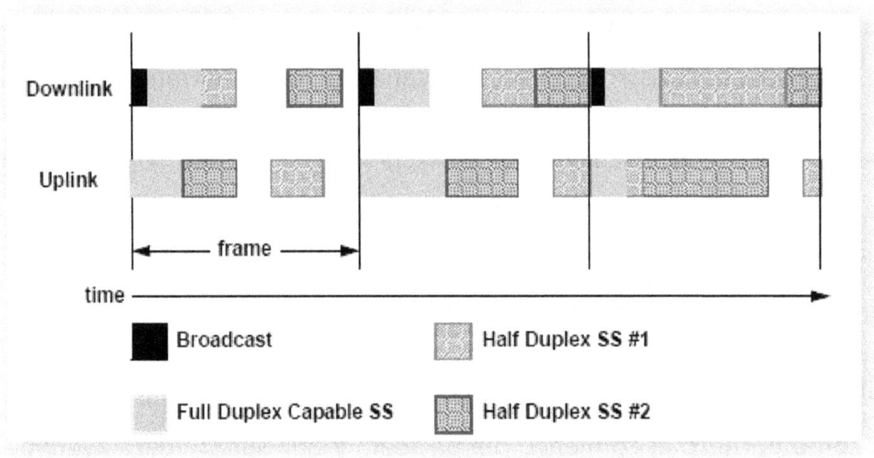

Figura 2. Ejemplo de localización de ancho de banda en FDD

La figura 3 muestra la asignación de subtramas downlink y uplink en una trama que emplea TDD.

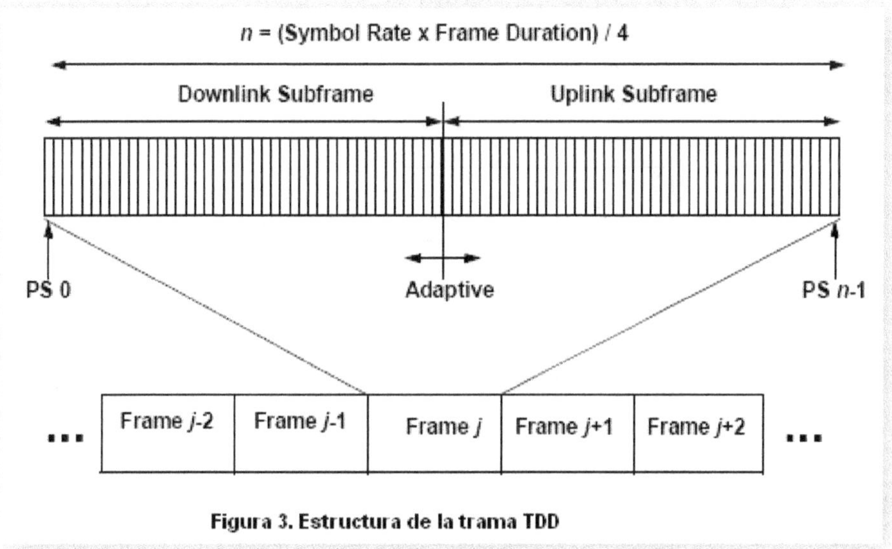

Figura 3. Estructura de la trama TDD

El sistema usa tramas de 0,5, 1 o 2 mili-segundos. Esta trama es dividida en slots físicos (PS – physical slots) con el propósito de localizar ancho de banda e identificación de transiciones en la capa PHY. Un slot físico es definido como 4 símbolos QAM.

La subtrama downlink comienza con un preámbulo de inicio de trama usado por la capa PHY para sincronización y ecualización. Luego continúa con la porción de la trama de sección de control que contiene el DL-MAP y el UL-MAP, iniciando el slot físico con la cual la ráfaga comienza. La siguiente porción TDM transporta datos, organizados en porciones con diferentes perfiles y diferente nivel de robustez. Las porciones de ráfagas son transmitidas en orden decreciente de robustez. Por ejemplo, usualmente con el empleo de un tipo sencillo de FEC y parámetros fijos, los datos comienzan con modulación QPSK seguidos por 16-QAM y por último con 64-QAM.

En el caso de TDD un TTG (transmit/ receive transition gap – intervalo de tiempo entre las ráfagas downlink y uplink) separa la subtrama downlink de la subtrama uplink.

Cada SS recibe y decodifica la información de control del downlink y revisa las cabeceras MAC que indican datos para el SS. Esto se realiza hasta el final de la subtrama downlink. La figura 4 muestra la estructura de una subtrama downlink empleando TDD.

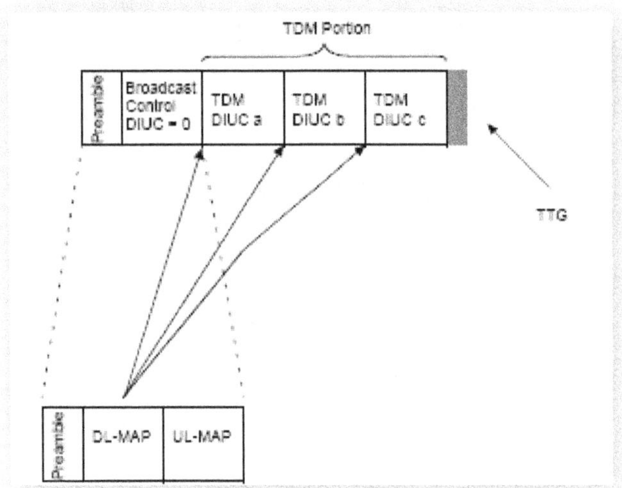

Figura 4. Estructura de subtrama downlink usando TDD

Al utilizar FDD, igual que para el caso de TDD, se comienza con un preámbulo de inicio de trama seguido por la sección de control que contiene el DL-MAP y el UL-MAP.

La porción DL-MAP es organizada en partes más pequeñas TDM, transmitidas en orden decreciente dependiendo del perfil de robustez. Esta porción TDM de la subtrama downlink contiene datos transmitidos en alguno de los siguientes casos:

- Full-duplex SS
- Half-duplex SS programado para transmitir después, en la trama que ellos reciben.
- Half-duplex SS no programado para transmitir en la trama.

La subtrama downlink en FDD (DL-MAP) continúa con una porción TDMA usada para transmitir datos a cualquier SS en half-duplex, programado para transmitir tempranamente en la trama que ellos reciben. Esto permite que SS de forma individual decodifiquen una porción específica del downlink sin necesidad de decodificar la subtrama entera.

En la porción TDMA, cada ráfaga comienza con un preámbulo de ráfaga TDMA de downlink, la cual es empleada para la fase de re-sincronización. Las ráfagas en la porción TDMA no necesitan ser organizadas tal como ocurre en la porción TDM.

La sección de las trama de control en FDD incluye un mapeo TDM y TDMA como se puede observar en la figura 5. Esta figura muestra la estructura de la subtrama downlink (DL-MAP) al emplear FDD.

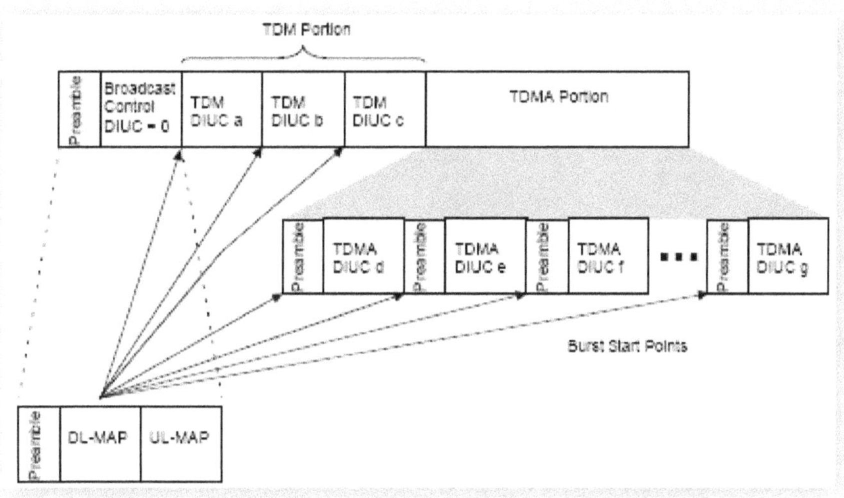

Figura 5. Estructura de la subtrama downlink empleando FDD

La figura 6 muestra la estructura de una subtrama típica uplink. Las subtramas uplink (UL-MAP), a diferencia de las subtramas downlink (DL-MAP), conceden ancho de banda para un específico SS. La transmisión de un SS en su específica localización asignada (slot) se realiza usando su perfil de ráfaga especificado por el UIUC (Uplink Interval Usage Code) en la entrada UL-MAP obteniendo los anchos de banda. Las subtramas uplink también pueden contener asignaciones (slots) basadas en contención para acceso inicial del sistema y para requerimientos de ancho de banda multicast o broadcast.

Un SSTG (SS Transition Gap) es usado como intervalo de separación entre transmisión de varios SS. Un TTG se emplea únicamente en transmisiones TDD y es empleado como intervalo de separación entre un UL-MAP y el preámbulo de la próxima trama enviada.

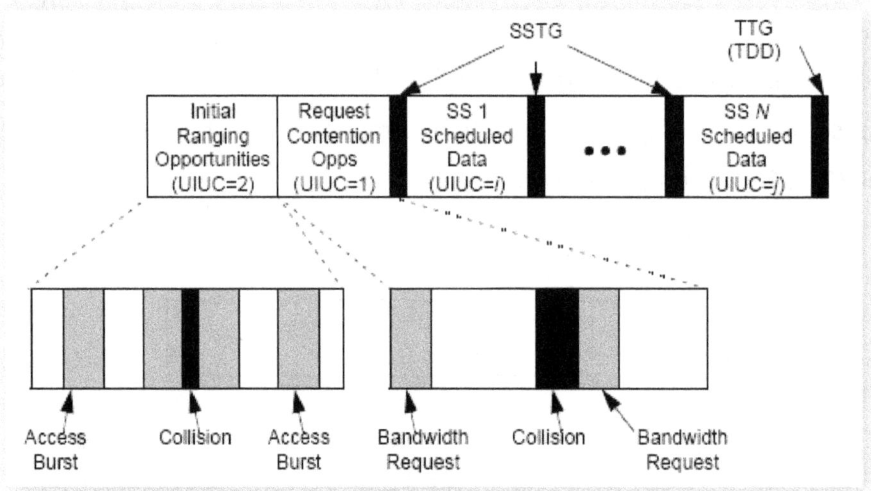

Figura 6. Estructura de la subtrama uplink

5.2.- Especificación PHY WIRELESSMAN-SCa

La capa PHY es basada en la tecnología de modulación de portadora única similar a WirelessMAN-SC, diseñada para operar sin línea de vista – NLOS en frecuencias por debajo de los 11 GHz.

Para bandas licenciadas, el ancho de banda permitido por canal será limitado a la regulación de ancho de banda provista, dividido por cualquier potencia de dos, no menor a 1.25 MHz.

Las especificaciones en esta capa incluyen los siguientes aspectos:

- Definición de FDD y TDD.
- Empleo de TDMA para uplink y TDM o TDMA para downlink.
- Modulación adaptativa en bloque y codificación FEC tanto para el uplink como para el downlink.
- Estructuras de tramas que habilitan ecualización mejorada y estimación del rendimiento del canal sobre NLOS y retardo extendido para entornos dispersos.
- Granularidad en tamaños de ráfaga por unidad PS (Physical Slot). Una unidad física PS corresponde a un slot, el cual se emplea para la localización de ancho de banda y depende de la capa PHY.
- FEC concatenado, empleando Reed-Solomon y TCM (Trellis Code Modulation).
- Opciones adicionales de BTC (block turbo code) y CTC (convolutional turbo code).
- Si se emplea ARQ para el control de errores, no se emplea FEC (opcional).

- Opción de transmitir empleando dos antenas con diversidad usando STC (space-time coding).

- Posee modos robustos para operación con baja CINR (carrier-to-interference-and-noise-ratio), que es un proceso que ayuda a realizar medidas de calidad de señal y estadísticas asociadas. Estas medidas realizadas en el receptor, entregan información actual de la operación del sistema, arrojando datos de interferencia, nivel de ruido y fuerza de la señal.

- Ajuste de parámetros y mensajes MAC/PHY que facilita la implementación adicional de AAS (advanced antenna system).

5.3.- Especificación PHY WIRELESSMAN-OFDM

La capa física es basada en modulación OFDM y está definida para operación sin línea de vista NLOS en el rango de frecuencias por debajo de los 11 GHz. La transformada inversa de Fourier (Inverse Fast Fourier Transform - IFFT) crea formas de onda OFDM.

Orthogonal Frequency Division Multiplexing (OFDM) es una técnica de multiplexación que subdivide el ancho de banda en múltiples subportadoras de frecuencia. En un sistema OFDM, el flujo de entrada es dividido en varios subflujos paralelos para reducir la rata de datos (incrementando la duración del símbolo); cada subflujo es modulado y transmitido en una subportadora ortogonal separada.

El incrementar la duración del símbolo provee robustez a OFDM en el retardo del espectro. La introducción del prefijo CP (cyclic prefix) puede completamente eliminar la interferencia inter-símbolo (Inter-Symbol Interference - ISI); la duración del CP es más extensa que el retardo del canal en el espectro.

OFDM explota la diversidad de frecuencia del canal multicamino codificando e intercalando información a través de subportadoras antes de las transmisiones. La modulación OFDM puede ser realizada con un eficiente IFFT, lo cual habilita gran número de subportadoras (hasta 2048) con relativamente baja complejidad. En un sistema OFDM los recursos están disponibles en el dominio del tiempo con el significado de los símbolos OFDM y en el dominio de la frecuencia por el significado de las subportadoras. Las fuentes de tiempo y frecuencia pueden ser organizadas en subcanales para la localización de usuarios individuales.

La descripción del dominio de frecuencia incluye la estructura básica de un símbolo OFDM. Un símbolo OFDM es hecho desde subportadoras, de las cuales, su número, determina el tamaño usado para FTT (fast fourier transform).

Existen tres tipos de subportadoras:

- Subportadora datos: empleada para transporte de datos en transmisión.

- Subportadora piloto: empleada para varios propósitos de estimación de tiempos.

- Subportadora nula: no es usada para ninguna transmisión. Es empleada como bandas guardas, subportadoras no activas y/o subportadora DC.

El propósito de las bandas guardas es habilitar la señal para que de forma natural descomponga y cree la estructura para FFT. Las subportadoras son no activas únicamente en el caso de transmisión subcanalizada SS. La transmisión subcanalizada de uplink es una opción del SS y podría ser usado sólo si el BS señaliza su capacidad de decodificar tales transmisiones.

Las subportadoras activas (datos y piloto) son agrupadas en un subconjunto de subportadoras llamadas subcanales. La unidad de recurso mínima frecuencia-tiempo del subcanal es un slot, el cual equivale a 48 tonos de datos (subportadoras).

La figura 7 presenta un componente real en amplitud de un símbolo OFDM con datos modulados en QPSK.

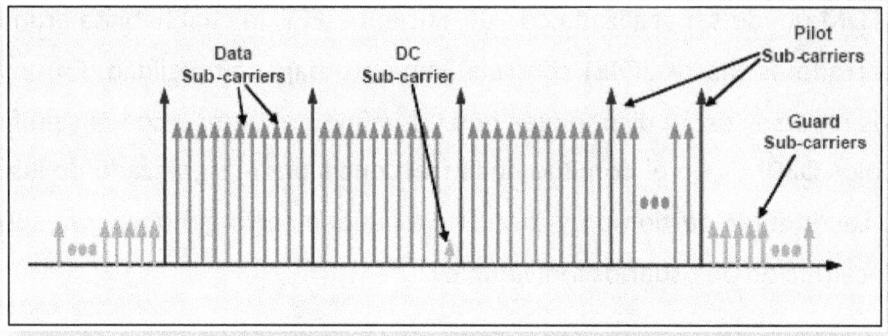

Figura 7. Estructura de subportadoras OFDM

En OFDM, el ancho de banda del canal puede estar dado en múltiplos de 1.75 MHz (con un factor de muestreo n = 8/7), 1.5 MHz (n = 86/75), 1.25 MHz (144/125), 2.75MHz (316/275) o 2.0 MHz (57/50) permitiendo que su implementación en distintos países y regulaciones asociadas, sea posible. El número de subportadoras usadas es de 200 y el número más pequeño en potencia de dos superior al número de subportadoras, que se emplea para FTT, es 256. El número de subportadoras guardas de baja frecuencia es 28, mientras que el número de subportadoras de alta frecuencia es 27.

G, que es la relación del tiempo CP "tiempo util", puede estar en los valores de ¼, 1/8, 1/16, 1/32.

Para codificar un canal en OFDM se deben realizar tres pasos: randomización de los datos, FEC e intercalado, lo cual debe realizarse en este orden para trasmitir.

La randomización de datos es empleada para minimizar la posibilidad de transmisión de una portadora sin modular y para asegurar adecuado número de transiciones de bits para soportar la recuperación del reloj. Es efectuada para cada ráfaga de datos en el downlink y el uplink, en cada localización. Esto significa que para cada localización de un bloque de datos (subcanales en el dominio de frecuencia y símbolos OFDM en el dominio del tiempo) el randomizador lo usara en forma independiente.

Si la cantidad de datos a transmitir no cabe exactamente en la cantidad de datos localizados, se adicionará 0xFF al final del bloque de transmisión.

El polinomio empleado para la randomización es 1+X14+X15 (secuencia 100101010000000).

Un FEC (Forward error correction - Corrección de error hacia adelante) consiste en la concatenación de un código de salida Reed-Solomon y un código interno convucional con rata compatible, que será soportado por el uplink y downlink. El soporte BTC y CTC es opcional.

El código convucional Reed-Solomon tasa ½ siempre será usado como el modo de codificación cuando se requiera acceso a la red y en ráfagas FCH (Frame control Header). Se exceptúan los modos de subcanalización lo cuales únicamente emplean el código convucional de codificación ½.

La decodificación es efectuada pasando primero los datos en formato de bloque a través del codificador Reed-Solomon y luego pasándolo a través de un codificador convucional de terminación cero.

Todos los datos codificados serán intercalados en un bloque de intercalado con un tamaño correspondiente al número de bits codificados por subcanales localizados por símbolo OFDM. El intercalado es definido por una permutación de dos pasos.

La primera permutación asegura que bits codificados adyacentes sean mapeados en subportadoras no adyacentes. La segunda permutación asegura que los bits codificados adyacentes sean mapeados alternativamente en más o menos significantes de la constelación, evitando así, largas corridas de bits de baja confianza.

5.3.1 Métodos duplex

En bandas licenciadas el método duplex puede ser TDD o FDD. En bandas no licenciadas el método duplex debe ser TDD. Con FDD los SSs deben usar H-FDD (Half-duplex frecuency division duplex).

El intervalo de tramas contiene transmisiones (PHY PDUs) del BS y los SSs, ranuras de separación (gaps) e intervalos de guarda.

OFDM PHY soporta transmisiones basadas en tramas. Una trama consiste de una subtrama downlink y una subtrama uplink.

Una subtrama downlink consta de un único downlink PHY PDU. Una subtrama uplink consta de intervalos de contención programados para propósitos de colocamiento inicial y requerimiento de ancho de banda, y uno o múltiples uplink PHY PDUs, cada uno transmitidos desde diferentes SSs.

Un downlink PHY PDU inicia con un preámbulo de longitud, el cual es usado para sincronización de la trama. Es el primer símbolo OFDM la trama.

El preámbulo es seguido por una cadena FCH (Frame control Header). El FCH es un símbolo OFDM, el cual provee información de configuración de la trama, tales como la longitud del mensaje MAP, esquema de codificación y subcanales a usar; es transmitido usando BPSK con rata ½, que es el esquema de codificación obligatoria.

El FCH contiene un prefijo de trama DL-Frame-Prefix para especificar el perfil y longitud de uno o varias ráfagas downlink que siguen inmediatamente después del FCH. Si un mensaje DL_MAP es transmitido en la trama actual, debería ser la primera MAC PDU transmitida después del FCH. Un mensaje UL_MAP debe seguir inmediatamente después de un mensaje DL_MAP (si alguno es transmitido) o de un DLFP (Downlink Frame Prefix).

Si mensajes UCD (Uplink Channel Descriptor) y DCD (Downlink Channel Descriptor) son transmitidos en la trama, ellos deben seguir después del DL_MAP y UL_MAP.

Aunque la ráfaga #1 contiene mensajes de control de broadcast MAC, este mecanismo no siempre es usado para dar más robustez a los esquemas de modulación / decodificación. Sólo se emplearían si es soportado y aplicado a todos los SSs controlados por un BS.

El FCH es seguido de uno o múltiples ráfagas downlink. Cada una transmitida con diferente perfil. Cada ráfaga downlink consta de un número entero de símbolos OFDM. La localización y perfil de la primera ráfaga downlink es especificado en el DLFP. La localización y perfil del máximo número posible de subsecuentes ráfagas debe estar especificado también en el DLFP. Al menos un DL_MAP debe ser totalmente destinado para broadcast en la ráfaga #1 y referenciado en el intervalo Lost DL_MAP. La localización y perfil de otras ráfagas son especificadas en el DL-MAP.

Un perfil es especificado por un Rate-ID de 4 bits (para la primer ráfaga) o por un DIUC (Downlink Interval Usage Code). La codificación DIUC es definida en los mensajes DCD. El campo HCS (Header Check Sequence – secuencia de chequeo de cabecera) ocupa el último byte del DLFP. Este es un campo de 8 bits usado para detectar errores en la cabecera. El transmisor calculará el valor del HCS para los primeros 5 bytes de la cabecera e insertará el resultado en el campo HCS. Se calcula como el resto de la división en módulo 2 del generador polinomial g(D= D8+D2+D+1) del polinomio D8 multiplicado por el contenido de la cabecera excluyendo el campo HCS.

Si existen IEs (Information Element) sin usar en el DLFP, el primer IE sin usar debe tener todos los campos codificados en cero.

Los IEs definen asignación de ancho de banda en Uplink, y son dependientes de la especificación PHY. Cada mensaje UL-MAP contendrá al menos un IE que marca el final de la última ráfaga asignada. El orden de los IEs transportados es especificado por la capa PHY en el UL-MAP.

La subtrama downlink (DL) puede opcionalmente contener una zona STC, en la que todos las ráfagas DL son codificadas en STC. Una zona STC es especificada para permitir el empleo de dos antenas usando diversidad, en donde los datos se transmiten en bloques y en pares.

Si una zona STC esta presente, el último IE usado en el DLFP debe tener el DIUC=0, y el IE debe contener información en el tiempo de inicio de la zona STC. La zona STC finaliza al final de la trama.

La figura 8 muestra la estructura básica de una trama OFDM con los subcanales lógicos. El subcanal UL Ranging es localizado por las MS (mobile stations) para efectuar ajustes de potencia, frecuencia, tiempo de bucle, así como requerimientos de ancho de banda. El subcanal UL CQICH es localizado para que la estación móvil (MS) realimente información del estado del canal. Un subcanal UL ACK es localizado para que el MS retroalimente el reconocimiento DL-HARQ.

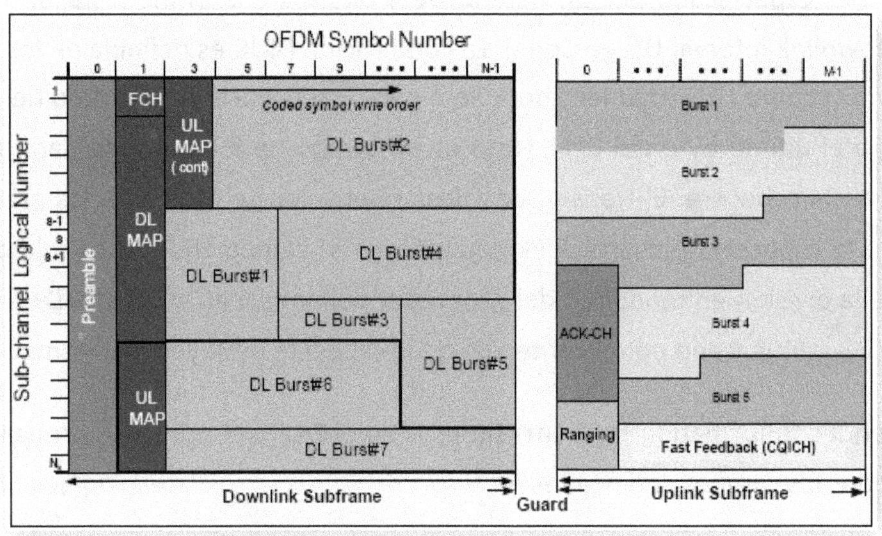

Figura 8. Estructura de la trama OFDM

En la capa OFDMA PHY una ráfaga (un downlink o un uplink), constan de un número entero de símbolos OFDM que llevan mensajes MAC, por ejemplo, MAC PDUs. Para formar un número entero de símbolos OFDM, n bytes sin usar de la carga útil de la ráfaga pueden ser colocados en 0xFF. Entonces, la carga útil podría ser randomizada, codificada y modulada usando parámetros de la capa PHY definidos en el estándar.

Si un SS no tiene ningún dato para ser transmitido en el UL, el SS podría transmitir un UL PHY contenido en una cabecera de requerimiento de ancho de banda, con el BR=0 y el empleo de un básico CID (Connection Identifier).

Las subtramas downlink y uplink son idénticas en las técnicas TDD o FDD. La diferencia de las dos técnicas en el momento de la implementación, radica que en TDD se emplea un TTG (transmit/ receive transition gap) que se inserta entre las subtramas downlink y uplink y un RTG (receive/transmit transition gap) intervalo de tiempo entre las ráfagas uplink y downlink que se adiciona al final de cada trama. En FDD estas ranuras no se insertan, ya que la transmisión y recepción es simultánea.

La figura 9 muestra una subtrama DL básica en FDD; la figura 10 muestra una subtrama UL en FDD, mientras la figura 11 muestra la estructura básica de una trama TDD.

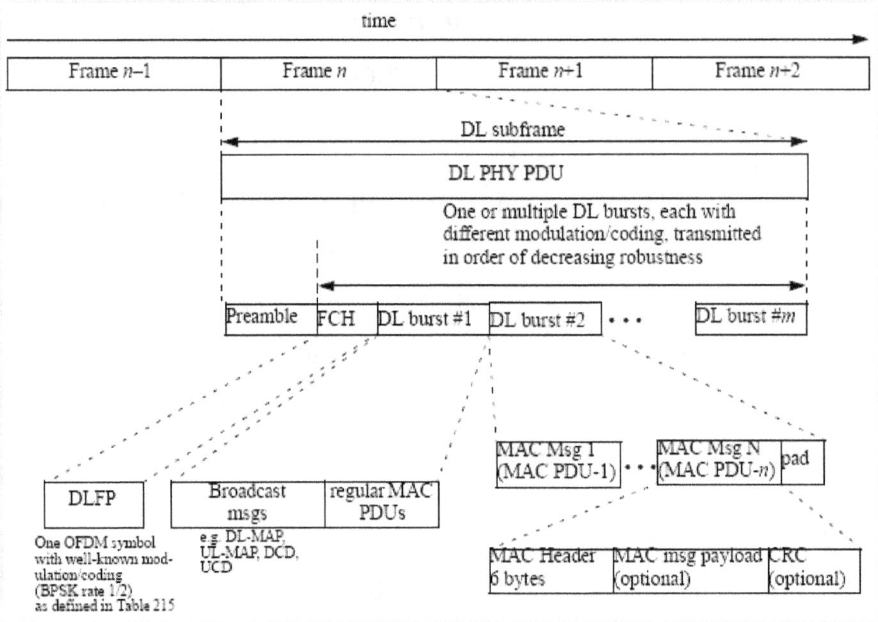

Figura 9. Ejemplo de una subtrama DL en FDD

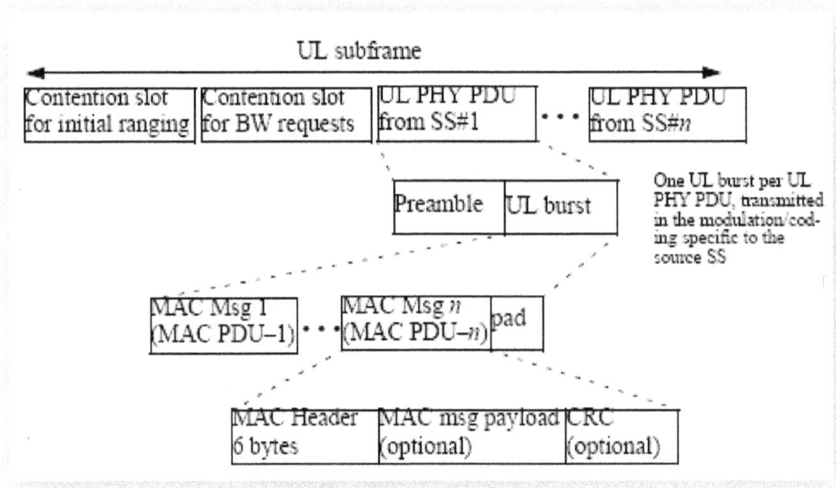

Figura 10. Ejemplo de una subtrama UL en FDD

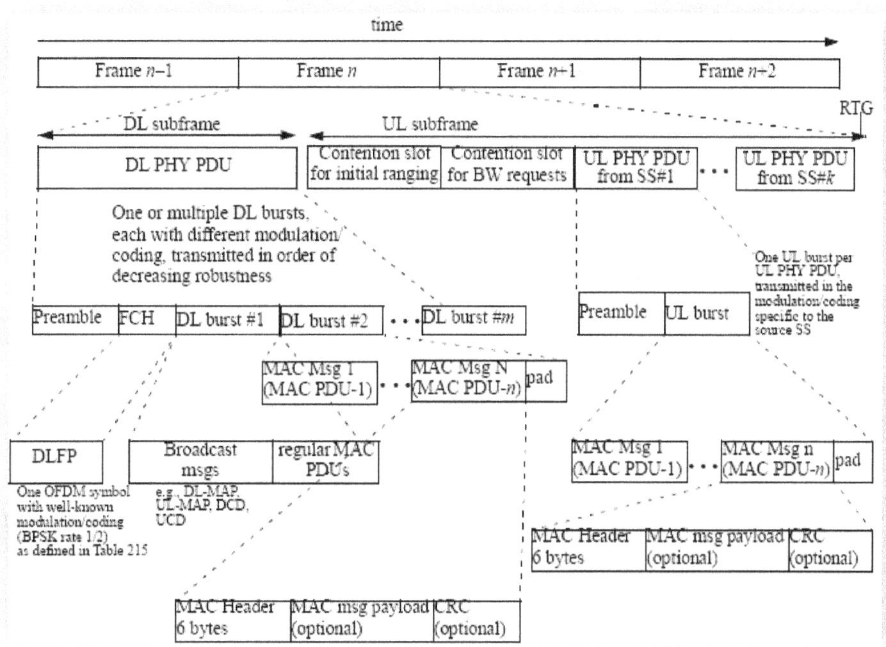

Figura 11. Ejemplo de una trama OFDM en TDD

Aunque IEEE 802.16e soporta los dos métodos (TDD y FDD), la liberación inicial de los perfiles Mobile WiMAX únicamente incluyen TDD. Los perfiles FDD serán considerados por WiMAX Forum para mercados específicos cuando requerimientos regulatorios del espectro sean propuestos o cuando sea prohibido el uso de TDD en algunas regiones.

Con respecto a las interferencias, TDD no requiere un amplio sistema de sincronización, y es preferido hoy en día sobre FDD, por las siguientes razones:

- TDD está habilitado para efectuar ajustes de la relación de eficiencia entre el downlink / uplink, soportando tráfico asimétrico, mientras FDD permanece fijos los anchos de banda para DL y UL.

- TDD asegura reciprocidad del canal para mejor soporte de adaptación del enlace, soportando MIMO y tecnologías de antena avanzados, tales como AAS.

- Al contrario de FDD, TDD únicamente requiere un solo canal de comunicación para el DL y UL, proveyendo superior flexibilidad para adaptación a una variedad global de localización del espectro.

- Los diseños de los transceptores (transceivers) para las implementaciones TDD son menos complejos y por lo tanto más económicos, comparados con los FDD.

5.4.- Especificación PHY WIRELESSMAN-OFDMA

Esta especificación es basada en la modulación OFDMA y es diseñada para operación NLOS en bandas de frecuencias por debajo de los 11 GHz. Para bandas licenciadas, el ancho de banda del canal permite que sea limitado por la regulación local prevista en cada región, dividido por cualquier potencia de dos no menor a 1.0 MHz.

La transformada inversa de Fourier - IFFT crea formas de onda OFDMA. Un símbolo OFDMA es compuesto de subportadoras, cuya cantidad determina el tamaño usado en FFT.

OFDMA (Orthogonal Frequency Division Multiple Access) es un esquema de múltiple acceso / multiplexación que provee operación de multiplexación de flujos de datos desde múltiples usuarios en sub-canales downlink y acceso múltiple uplink en sub-canales uplink.

El modo OFDMA PHY es basado en al menos uno de los 2048 tamaños FFT (compatible hacía atrás con IEEE Std 802.16-2004); 1024, 512 y 128 también son soportados. Esto facilita soporte de varios anchos de banda en un canal.

Cuando un SS es una estación en movimiento, el MS (Mobil Station) puede implementar un mecanismo de escaneo y búsqueda para detectar la señal DL cuando efectúa entrada inicial a la red, que puede incluir detección dinámica de el tamaño FFT y el ancho de banda empleado por el BS [2].

Existen varios tipos de subportadoras:

- Subportadora datos: empleada para transmisión de datos.
- Subportadora piloto: usada para varios propósitos de estimación.
- Subportadora nula: no es usada para transmisión. Es empleada para bandas de guarda o como subportadora DC.

En el modo OFDMA, las subportadoras activas son divididas en un subjuego de subportadoras; cada subjuego es denominado subcanal. En el downlink, un subcanal puede ser conformado por diferentes receptores o grupos de ellos. En uplink, un transmisor puede ser asignado a uno o más subcanales; varios transmisores pueden transmitir simultáneamente. Las subportadoras que conforman un subcanal, pueden no ser adyacentes.

El símbolo es dividido en subcanales lógicos para soportar escalabilidad, acceso múltiple y capacidades de procesamiento de arreglos de antenas avanzadas.

La figura 12 muestra tres subcanales, una subportadora DC y las bandas guardas al inicio y al final.

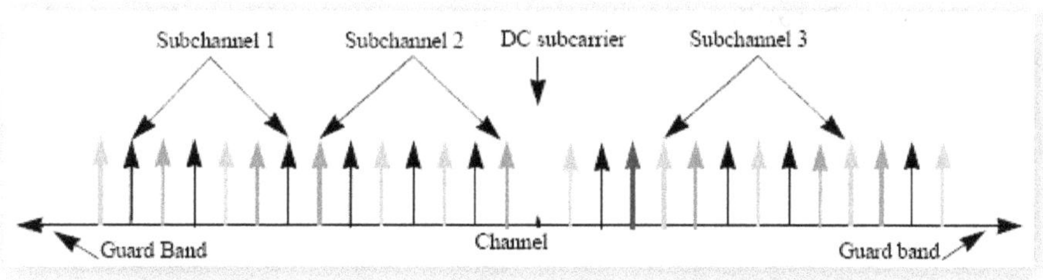

Figura 12. Descripción de frecuencias OFDMA

Un slot en OFDMA PHY requiere tiempo y dimensión de un subcanal para ser completo. Esta es la mínima unidad de localización de datos.

La definición de un slot OFDMA depende de la estructura del símbolo OFDMA, el cual varia entre el uplink y el downlink, si esta en FUSC (Full usage of the subchannels) o PUSC (Partial usage of the subchannels) y de las permutaciones de subportadoras distribuidas y de la permutación de subportadora adyacente.

Para downlink empleando FUSC y downlink opcional FUSC, usando permutación de subportadora distribuida, un slot es un subcanal de un (1) símbolo OFDMA.

Para downlink empleando PUSC y usando permutación de subportadora distribuida, un slot es un subcanal de dos (2) símbolos OFDMA.

Para uplink empleando PUSC y usando cualquiera de las permutaciones de subportadora distribuidas, y para downlink TUSC1 (Tile Usage of Subchannels 1) y TUSC2 (Tile Usage of Subchannels 2), un slot es un subcanal de tres (3) símbolos OFDMA.

Para downlink y uplink usando permutación de subportadora adyacente, un slot es un subcanal de uno, dos o tres símbolos OFDMA.

En OFDMA, una región de datos es una asignación de dos dimensiones de un grupo de subcanales contiguos, en un grupo de símbolos OFDMA contiguos. Todas las localizaciones se refieren a subcanales lógicos. Esta localización bidimensional puede ser visualizada como un rectángulo de 4x3, tal como se presenta en la figura 13.

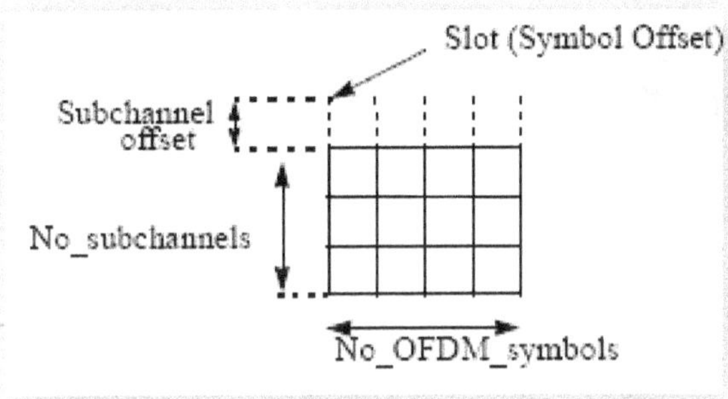

Figura 13. Ejemplo de una región de datos la cual define una asignación OFDMA

Un segmento es una subdivisión de un juego de subcanales OFDMA disponibles (que pueden incluir todos los subcanales). Un segmento es usado para desarrollo de una única instancia de la MAC.

Una zona de permutación es un número de símbolos OFDMA contiguos, en el DL o UL, que usan la misma fórmula de permutación. La subtrama DL o la subtrama UL pueden contener más de una zona de permutación.

Para bandas licenciadas, los métodos duplex pueden ser TDD o FDD. Si se usa FDD, se debe emplear H-FDD (half-duplex frecuency division duplex) en los SSs. En bandas no licenciadas, el método duplex debe ser TDD.

Cuando se implementan sistemas TDD, la estructura de la trama es construida desde transmisiones del BS y SS. Cada trama en la transmisión downlink comienza con un preámbulo, seguido por un periodo de transmisión DL (downlink) y luego por un periodo de transmisión UL (uplink). En cada trama, un TTG debe ser insertado entre el downlink y uplink y un RTG insertado al final de cada trama. Luego, el BS inicia el proceso de nuevo. La figura 14 muestra una trama TDD con las subtramas DL y UL, en el plano del tiempo.

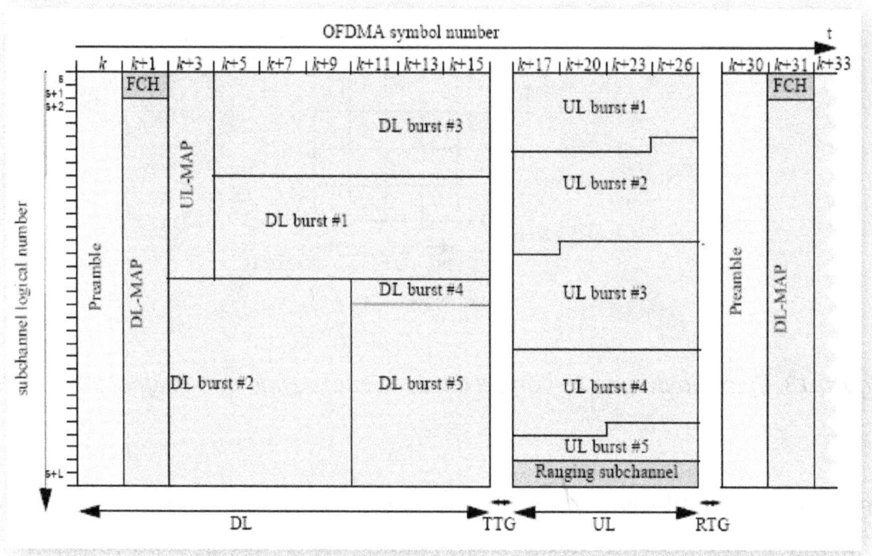

Figura 14. Una trama TDD en el plano del tiempo

En sistemas TDD y H-FDD, las asignaciones de SSs deben ser hechas por unos periodos SSRTG (SS Rx/ Tx Gap) y SSTTG (SS Tx/ Rx Gap). Los parámetros SSRTG y SSTTG son capacidades provistas por el SS al BS antes del requerimiento y durante la entrada a la red.

La localización de subcanales en el downlink, puede ser efectuada en una de las siguientes maneras: PUSC, cuando alguno de los subcanales son localizados en el transmisor; FUSC, cuando todos los subcanales son localizados en el transmisor.

El FCH (Frame Control Header) será transmitido usando modulación QPSK con rata a ½ y 4 repeticiones, usando el esquema de codificación obligatorio (por ejemplo, la información del FCH será enviada en cuatro subcanales), con un número sucesivo de subcanal en una zona PUSC.

El FCH contiene el campo DL_Frame Prefix, el cual especifica la longitud del mensaje DL-MAP (el cual sigue inmediatamente a este campo), y la repetición de codificación usada por el mensaje DL-MAP.

Las transiciones entre modulación y codificación toman lugar en los alrededores de símbolos OFDMA en el dominio del tiempo y en subcanales con símbolos OFDMA en el dominio de frecuencia.

La trama OFDMA puede incluir múltiple zonas tales como: FUSC, PUSC, PUSC, AMC, TUSC1 y TUSC2. La transición entre zonas es indicada en el DL-MAP por el campo STC_DL_Zone IE o AAS_DL_IE. Cuando no existen asignaciones DL-MAP o UL-MAP, éstas pueden ser expandidas sobre múltiples zonas.

Un bin es un juego de nueve (9) subportadoras contiguas en un símbolo OFDMA, el cual es una unidad básica de asignación en uplink y downlink, y es empleado en la permutación de subportadora adyacente. Un grupo de 4 filas de bins es llamado banda. Un subcanal AMC (Adaptive Modulation and Coding) consta de seis bins contiguos en la misma banda.

Un downlink TUSC1 (opcional) es similar en estructura al uplink PUSC. Cada transmisión usa 48 subportadoras como el mínimo bloque de procesamiento.

Los subcanales activos en la zona TUSC1 serán renombrados consecutivamente iniciando por 0. Los pilotos en la permutación TUSC1 son considerados como parte de la asignación. La permutación TUSC1 únicamente podrá ser usada dentro de una zona AAS (Advanced Antenna System - Sistema de antena avanzado).

La figura 15 muestra una trama OFDMA con múltiples zonas.

5.4.1 OFDMA Escalable

IEEE 802.16e-2005 Wireless MAN OFDMA es basado en el concepto de OFDMA escalable (S-OFDMA) [30]. S-OFDMA soporta un amplio rango de anchos de banda para flexibilizar las necesidades de varias localizaciones de requerimientos de espectros en el modelo de uso.

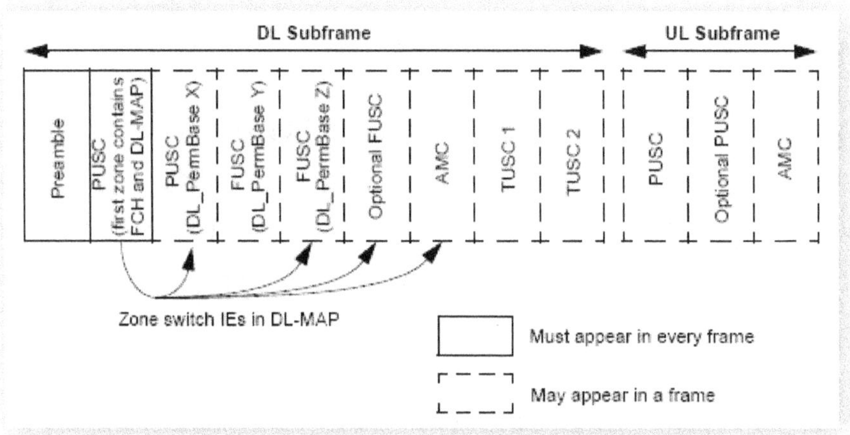

Figura 15. Trama OFDMA con múltiples zonas

La escalabilidad es soportada por el ajuste del tamaño FTT mientras fija el espacio de las subportadoras a 10.94kHz. Una vez el ancho de banda de la subportadoras y la duración del símbolo es fijo, el impacto en las capas superiores es mínimo cuando se escala el ancho de banda. Los parámetros de S-OFDMA se muestran en la tabla 3. Los anchos de bandas del sistema para dos de los perfiles planeados inicialmente por el WiMAX Forum Working Group Release-1 son 5 y 10 MHz.

Los anchos de banda de 7 MHz y 8.75 MHz se encuentran también planeados en el Release-1. Con FTT en el tamaño 1024 y un factor de muestra de 8/7, el espacio de frecuencia de subportadoras para estos dos casos es 7.81 y 9.77 kHz respectivamente.

Parameters	Values			
System Channel Bandwidth (MHz)	1.25	5	10	20
Sampling Frequency (Fp in MHz)	1.4	5.6	11.2	22.4
FFT Size (N_{FFT})	128	512	1024	2048
Number of Sub-Channels	2	8	16	32
Sub-Carrier Frequency Spacing	10.94 kHz			
Useful Symbol Time ($T_b = 1/f$)	91.4 microseconds			
Guard Time ($T_g = T_b/8$)	11.4 microseconds			
OFDMA Symbol Duration ($T_s=T_b + T_g$)	102.9 microseconds			
Number of ODFMA Symbols (5 ms Frame)	48			

Tabla 3. Parámetros de escalabilidad OFDMA

5.5.- Especificación PHY WIRELESSHUMAN

La especificación WirelessHUMAN (Wireless High-speed Unlicenced Metropolitan area network) esta compuesta de dos partes: canalización y máscara espectral de transmisión.

5.5.1.- Canalización

El centro de la frecuencia del canal deberá seguir la siguiente ecuación:

Centro de Frecuencia Canal (MHz) = 5000 + 5nch

Donde nch = 0,1, 2, .. 199.

Que es el número del canal (Nr). Esta definición provee un sistema de numeración único de 8 bits para todos los canales, con espacio de 5 MHz entre canales, desde 5GHz a 6GHz. De esta manera, se provee flexibilidad para definir juegos de canalización para dominios de regulación actuales y futuros. El juego de número de canales permitidos es mostrado en la tabla 4 para los dominios regulatorios de Estados Unidos y Europa.

Regulatory domain	Band (GHz)	Channelization (MHz)	
		20	10
USA	U-NII middle 5.25-5.35	56,60,64	55,57,59,61,63,65,67
	U-NII upper 5.725-5.825	149,153,157,161,165[a]	148,150,152,154,156 158,160,162,164[a],166[a]
Europe	CEPT band B[b] 5.47-5.725	100,104,108,112,116, 120,124,128,132,136	99,101,103,105,107,109,111, 113,115,117,119,121,123,125, 127,129,131,133,135,137
	CEPT band C[b] 5.725-5.875	148,152,156, 160,164,168	147,149,151,153,155,157, 159,161,163,165,167,169

[a]See CFR 47 Part 15.247

[b]Current applicable regulations de not allow this standard to be operated in the indicated band.

Tabla 4. Canalización

El soporte de cualquier banda individual de la tabal 4 no es de obligatorio cumplimiento, pero todos los canales en la banda deberían ser soportados.

La figura 16 muestra el esquema de canalización en 20 MHz, obtenido de la tabla 4.

La canalización ha sido definida para ser compatible con IEEE Std.802.11a-1999, para propósitos de mitigación de interferencia, aún cuando este resulta menos eficiente que el uso del espectro en la banda media U-NII (Unlicenced National Information Infraestructure).

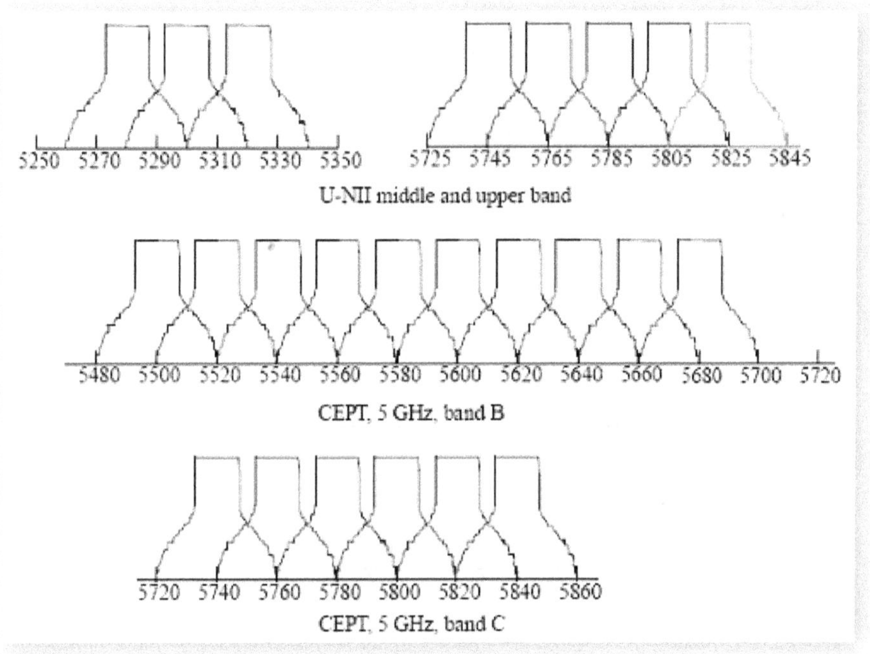

Figura 16. Canalización a 20 MHz

5.5.2.- Máscara espectral de transmisión

La densidad espectral transmitida de la señal deberá estar entre los rangos mostrados en la figura 17 y tabla 5. La medición debe ser realizada usando resolución de ancho de banda de 100KHz y ancho de banda de video de 30 KHz. El nivel 0 dBr es la máxima potencia permitida por el ente regulador.

Channelization (MHz)	A	B	C	D
20	9.5	10.9	19.5	29.5
10	4.75	5.45	9.75	14.75

Tabla 5. Parámetros de la máscara espectral de transmisión

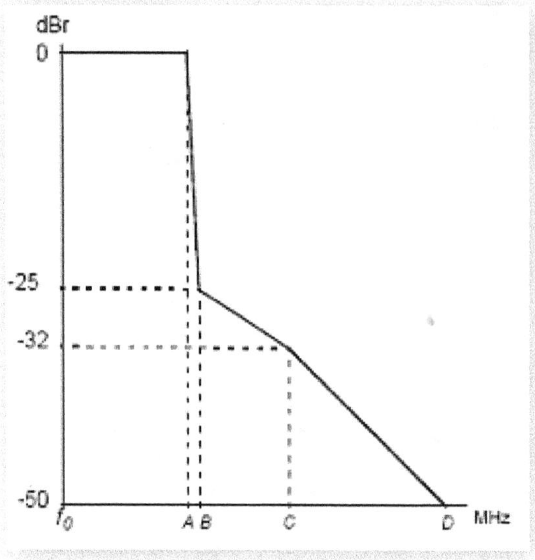

Figura 17. Máscara espectral de transmisión

6.- Control de acceso al medio – MAC

La capa de acceso al medio (MAC) soporta primariamente una arquitectura punto-multipunto con una opción de topología en malla. La capa MAC es estructurada para soportar múltiples especificaciones de la capa física (PHY), cada una adaptada para un entorno operacional particular [1], [3], [4], [5].

Provee un amplio rango de tipos de servicios, análogos a la clásica categoría de servicios en Asynchronous Transfer Mode (ATM). El protocolo también soporta una variedad de requerimientos de backhaul4 incluyendo los protocolos ATM y protocolos basados en paquetes. Las subcapas de convergencia son usadas para mapear el tráfico específico de la capa de transporte a la capa MAC, la cual es suficientemente flexible para transportar cualquier tipo de tráfico.

A través del empleo de características tales como la supresión de la cabecera de carga útil (PHS), empaquetamiento y fragmentación, las subcapas de convergencia y la subcapa MAC trabajan juntas para transportar tráfico de una manera más eficiente que el mecanismo de transporte original, empleado por este tráfico.

La eficiencia de transporte también es visto desde la interfase entre las capas PHY y MAC. La modulación y los esquemas de codificación en un perfil de ráfaga pueden ser ajustados para cada ráfaga y para cada SS. La capa MAC puede hacer uso de eficiente ancho de banda para ráfagas bajo condiciones favorables del enlace o moverse a uso del ancho de banda más confiable aunque menos eficiente. Todos estos mecanismos son empleados para lograr un planeado 99.999% de disponibilidad del enlace.

---

[4] backhaul: s. Concentración de datos en un punto fijo usualmente del tipo WiFi, el cual requiere de una conexión de alta velocidad, por ejemplo WiMAX.

El mecanismo para permitir un requerimiento de recursos es diseñado para ser escalable, eficiente y con auto-corrección. El acceso al sistema no pierde eficiencia cuando múltiples conexiones por terminal, múltiples niveles de QoS por terminal y gran número de usuarios multiplexados estadísticamente se presentan. Toma ventajas de una gran variedad de mecanismos de requerimiento de recursos, balance de estabilidad del acceso sin contención, con eficiente acceso orientado a contención.

Los fabricantes de tecnología pueden implementar distintos mecanismos para la administración de reservación de recursos y programación, ya que estas características no se encuentran estandarizadas; en cambio, mecanismos de QoS y localización extensiva de ancho de banda si lo están, por lo que no presentan una ventaja comparativa entre ellos.

Para acomodar más demanda del entorno físico y diferentes requerimientos de servicio en las frecuencias de 2 a 11 Ghz, el estándar IEEE 802.16 actualiza la capa MAC proveyendo el mecanismo ARQ – Automatic Repeat Request, así como el soporte a topologías en malla, adicional a la topología punto-multipunto definida en un principio en IEEE 802.16.

En relación a la seguridad de los datos, IEEE 802.16 especifica una subcapa de privacidad (security Sublayer) basada en el protocolo PKM (Privacy Key Managment), especificación DOCSIS BPI+ y un mecanismo de encripción fuerte. En el método de autenticación, cada SS contiene un certificado digital X.509 del dispositivo instalado en fábrica, que contiene la llave pública del SS y su dirección MAC. Emplea el manejo de llaves públicas RSA PKCS #1 entre el BS y SS, para luego intercambiar TEKs sin incurrir en sobrecarga computacional.

Los próximos capítulos presentas las subcapas de convergencia CS, la subcapa MAC y la subcapa de seguridad. De la figura 18 se extracta la siguiente gráfica que resume la interconexión de las distintas capas MAC.

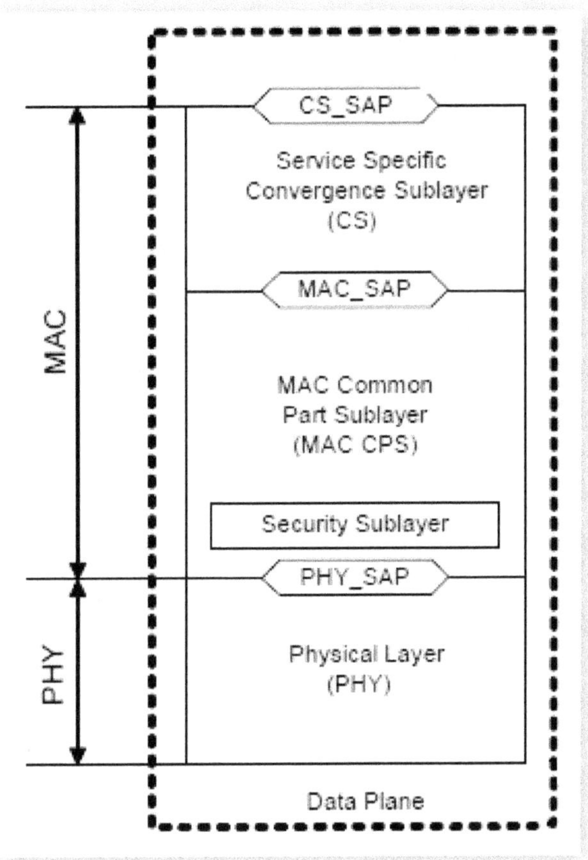

Figura 18. Modelo de Referencia del protocolo IEEE 802.16 mostrando SAPs

7.- Subcapa de convergencia CS (Service-Specific Convergence Sublayer)

La subcapa de Servicio Específico CS reside en la parte superior de la capa MAC CPS y utiliza vía MAC SAP, los servicios provistos por la MAC CPS. El CS efectúa las siguientes funciones:

- Acopla PDUs (Protocol Data Units) a capas superiores desde capas inferiores.
- Efectúa clasificación de PDUs de capas superiores.
- Procesa, si es necesario, las PDUs de capas superiores basado en la clasificación.
- Envía PDUs CS al apropiado MAC SAP.
- Recibe PDUs CS desde un peer (entidad de igual capa en otro dispositivo).

Actualmente, dos especificaciones CS son provistas: la especificación ATM CS (Asynchrous Transfer Mode – CS de ATM) y la especificación Packet CS (CS de paquete). Otras especificaciones pueden ser provistas en el futuro por el estándar.

7.1.- Especificación ATM CS

ATM CS es una interfase lógica que asocia diferentes servicios ATM con la MAC CPS SAP. El ATM CS acepta celdas ATM desde la capa ATM, efectúa clasificación, y si es aprovisionado, PHS, y envía CS PDUs a la apropiada MAC SAP.

El servicio ATM CS es específicamente definido para soportar la convergencia de PDUs generadas por el protocolo de capa ATM, en una red ATM. Conforme que el flujo de celdas ATM es generado acorde al estándar ATM, un servicio primitivo de ATM CS no es requerido.

En el plano de control / datos el ATM CS esta conformado de una cabecera de 40 bits y de una carga útil. El ATM CS PDU deberá ser igual a la carga útil de la celda ATM. La figura 19 muestra una ATM CS PDU.

ATM CS PDU Header	ATM CS PDU Payload (48 bytes)

Figura 19. Formato de una PDU ATM CS

7.2.- Especificación del paquete CS

El paquete CS reside en la cima del estándar IEEE Std.802.16 MAC CPS. El CS efectúa las siguientes funciones utilizando servicios de la capa MAC:

- Clasificación de PDUs de protocolos de capa superior en una conexión apropiada de transporte.
- Supresión de información de la cabecera de la carga útil (opcional).
- Envío de la PDU CS resultante a la MAC SAP asociada con el flujo de servicio, para transportarla a la MAC SAP del peer.
- Recibe el CS PDU desde el peer MAC SAP.
- Reconstruye cualquier información de cabecera de la carga útil suprimida.

Al enviarse un CS, se es responsable para despachar MAC SDU a la MAC SAP. La MAC es responsable por el envío de la MAC SDU al peer MAC SAP en concordancia con la QoS, fragmentación, concatenación y otras funciones de transporte asociadas con unas características de flujo de servicio, en una conexión particular.

Con una recepción de CS, se es responsable de aceptar MAC SDU desde el peer MAC SAP y enviarlo a la entidad de capa superior.

Una MAC SDU (Service Data Unit – unidad de datos de servicio) es una unidad de datos que es intercambiada entre dos capas de protocolo adyacente. En dirección descendente es la unidad de datos recibida desde la capa superior previa. En sentido ascendente, es la unidad de datos que se envía a la capa superior inmediata.

Cuando se combinan múltiples MAC PDUs en una única PHY SDU se realiza una concatenación (sentido ascendente). Cuando se combinan múltiples SDUs desde capas superiores en una única MAC PDU se realiza empaquetamiento (sentido descendente).

Una vez clasificada y asociada una conexión MAC específica, PDUs de capa superior serán encapsuladas en el formato MAC SDU, tal como se muestra en la figura 20. Los ocho bits del campo PHSI (Payload Header Suppression Index) deberán estar presentes cuando una regla de supresión de carga útil (PHS – Payload Header Suppression) ha sido definida para una conexión asociada.

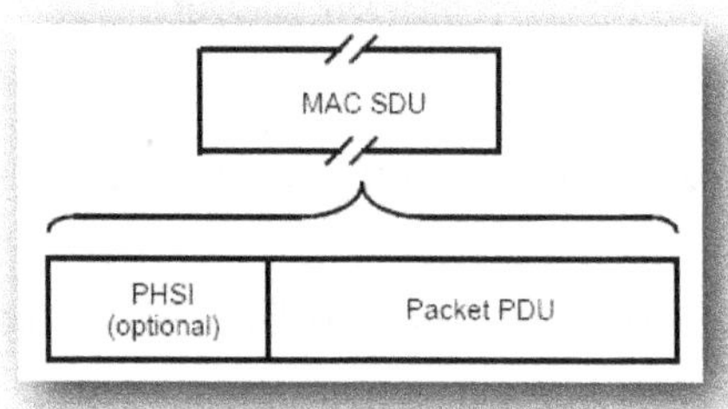

Figura 20. Formato MAC SDU

7.3.- Clasificación

Es el proceso por el cual una MAC SDU es mapeada en una particular conexión de transporte para transmisión entre peers MAC. El proceso de mapeo asocia una MAC SDU con una conexión de transporte, tal como crear una asociación con características de flujo de servicio de tal conexión. Este proceso facilita el envió de MAC SDUs con una apropiada restricción de calidad de servicio - QoS.

Un clasificador es un juego de correspondencias de criterios aplicados a cada paquete que entra a la red IEEE 802.16. Este consiste en la definición de algunos criterios de correspondencia específica para protocolos de paquetes (Ej. la dirección destino en un paquete IP), una clasificación de prioridad y una referencia a un CID (identificador de conexión). Si un paquete concuerda con un criterio específico, es entonces enviado al SAP para así ser entregado a la conexión definida por el CID. Implementaciones con capacidades de clasificación específica, tales como clasificación basada en IPv4 son opcionales.

Las características de flujo de servicios de una conexión, provee la calidad de servicio para ese paquete.

Varios clasificadores pueden ser referenciados al mismo flujo de servicio. La prioridad del clasificador es usada para ordenar la utilización de clasificadores de paquetes. La ordenación explicita es necesaria, ya que los patrones usados por los clasificadores pueden traslaparse. La precisión de la prioridad no es única, por lo que se deben tomar precauciones en el mecanismo de clasificación de prioridad del clasificador para prevenir ambigüedad en la clasificación.

Los clasificadores downlink son aplicados por el BS a los paquetes transmitidos, mientras los clasificadores uplink son aplicados por los SSs.

Si un paquete no concuerda con ninguna de las reglas definidas en el clasificador, el CS lo descartará.

7.4.- PHS (Paiload Header Supression)

En PHS, una repetitiva porción de la cabecera de la carga útil de la capa superior es suprimida en el MAC SDU por la entidad que envía, que es restaurada por la entidad que recibe. La implementación de estas capacidades PHS es opcional.

En uplink, la entidad que envía es el SS y el que recibe es el BS. En downlink, la entidad que envía es el BS y quien recibe el SS. Si PHS esta habilitado en una conexión MAC, cada MAC SDU es prefijada con el PHSI (Payload Header Suppression Index), la cual referencia al campo de supresión de cabecera de carga útil - PHSF (Paidload Header Suppression Field).

La entidad que envía usa clasificadores para mapear paquetes en un flujo de servicio. El clasificador de una manera excepcional, mapea paquetes a su regla PHS asociada. La entidad receptora usa el CID y el PHSI para restaurar el PHSF. Una vez el campo PHSF ha sido asignado a un PHSI, este no debería cambiar para todo el flujo de servicio definido. Para poder cambiar el PHSF en un flujo de servicio, una nueva regla PHS deberá ser definida, la regla antigua debe ser removida del flujo de servicio, y una nueva regla debe ser adicionada. Cuando un clasificador es borrado, cualquier regla asociada al PHS será también eliminada.

PHS tiene una opción PHSV (Paiload Header Suppression Valid) para verificar o no, la cabecera de carga útil antes de suprimirlo. PHS tiene también una opción PHSM (Paiload Header Suppression Mask) para permitir seleccionar bytes que no son suprimidos. El PHSM facilita la no supresión de campos de la cabecera que permanecen estáticos en una sesión de capa superior. (Ej. Dirección IP), mientras habilita la transmisión de campos que cambian de paquete a paquete (Ej. Longitud total del paquete).

El BS asigna todos los valores PHSI, de la misma forma que se asignan los valores CID. La entidad transmisora o receptora especificará el PHSF y el PHSS (Paidload Header Suppression Size). Esta provisión permite para cabeceras pre-configuradas o protocolos de señalización de capa superior, salirse del alcance este estándar para estabilizar entradas de caché.

Es responsabilidad de los servicios de capa superior, generar la regla PHS que excepcionalmente identifica la cabecera comprimida en un flujo de servicio. Es también responsabilidad de la entidad de servicio de capa superior garantizar que las cadenas de bytes que están siendo suprimidas sean constantes de paquetes a paquetes para la duración del flujo de servicio activo.

7.4.1.- Operación PHS

En el SS y BS las implementaciones PHS se pueden realizar de cualquier manera por parte los fabricantes, siempre y cuando el protocolo especificado se cumpla.

Un paquete es insertado a un paquete CS.

El SS, en uplink, aplica su lista de reglas del clasificador. Una concordancia en la regla resultara en un flujo de servicio uplink, el CID, e igualmente puede resultar en una regla PHS.

La regla PHS provee PHSF, PHSI, PHSM, PHSS y PHSV. Si PHSV es colocado o no esta presente, el SS compara los bytes de la cabecera del paquete con los bytes en el PHSF que han sido suprimidos e indicados en el PHSM. El SS entonces prefijará el PDU en el PHSI y presentará la MAC SDU a la MAC SAP para que sea transportada en el uplink.

Cuando la MAC PDU es recibida por el BS desde la interfaz aérea, la capa MAC del BS determinará el CID asociado al examinar la cabecera MAC genérica. La capa MAC del BS envía la PDU a la capa MAC asociada con tal CID. El paquete recibido por CS usa el CID y PHSI para buscar el PHSF, PHSM y PHSS. El BS reensambla el paquete y entonces, procede con el procesamiento normal como cualquier paquete. El paquete reensamblado contiene bytes del PHSF. Si la verificación esta habilitada, entonces los bytes PHSF son iguales a los bytes de cabecera original.

Si la verificación no esta habilitada, no existe garantía que los bytes PHSF concuerden con los bytes de cabecera originales.

Una operación similar ocurre en el downlink. El BS aplica su lista de clasificadores. Una concordancia en el clasificador da como resultado un flujo de servicio downlink y una regla PHS.

La regla PHS provee PHSF, PHSI, PHSM, PHSS y PHSV. Si PHSV es colocado o no esta presente, el BS verificará el campo de supresión downlink - Downlink Supresión Field

- en el paquete, con el PHSF. Si hay coincidencia, el BS suprimirá todos los bytes del Downlink Supresión Field, excepto los bytes marcados por PHSM. El BS entonces prefijará la PDU con el PHSI y presentará la MAC SDU a la MAC SAP para el transporte en downlink.

El SS recibirá el paquete basado en la parte superior de la dirección del CID filtrado con la MAC. El SS recibe la PDU y entonces la envía al CS. El CS usa el PHSI y CID para mirar la PHSF, PHSM y PHSS. El SS reensambla el paquete y entonces procede con el procesamiento normal del paquete.

La figura 21 muestra la operación de PHS. En el lado izquierdo se presenta el diagrama de flujo del proceso PHS en transmisión. El lado derecho muestra el proceso PHS en el receptor.

La figura 22 muestra a modo de ejemplo, como interactúan PHSM, PHSF y PHSS.

Para el proceso de Señalización, PHS requiere la creación de los siguientes tres objetos:

a.- Flujo de servicio.

b.- Clasificador.

c.- Regla PHS.

La figura 23 presenta un ejemplo del proceso de señalización PHS.

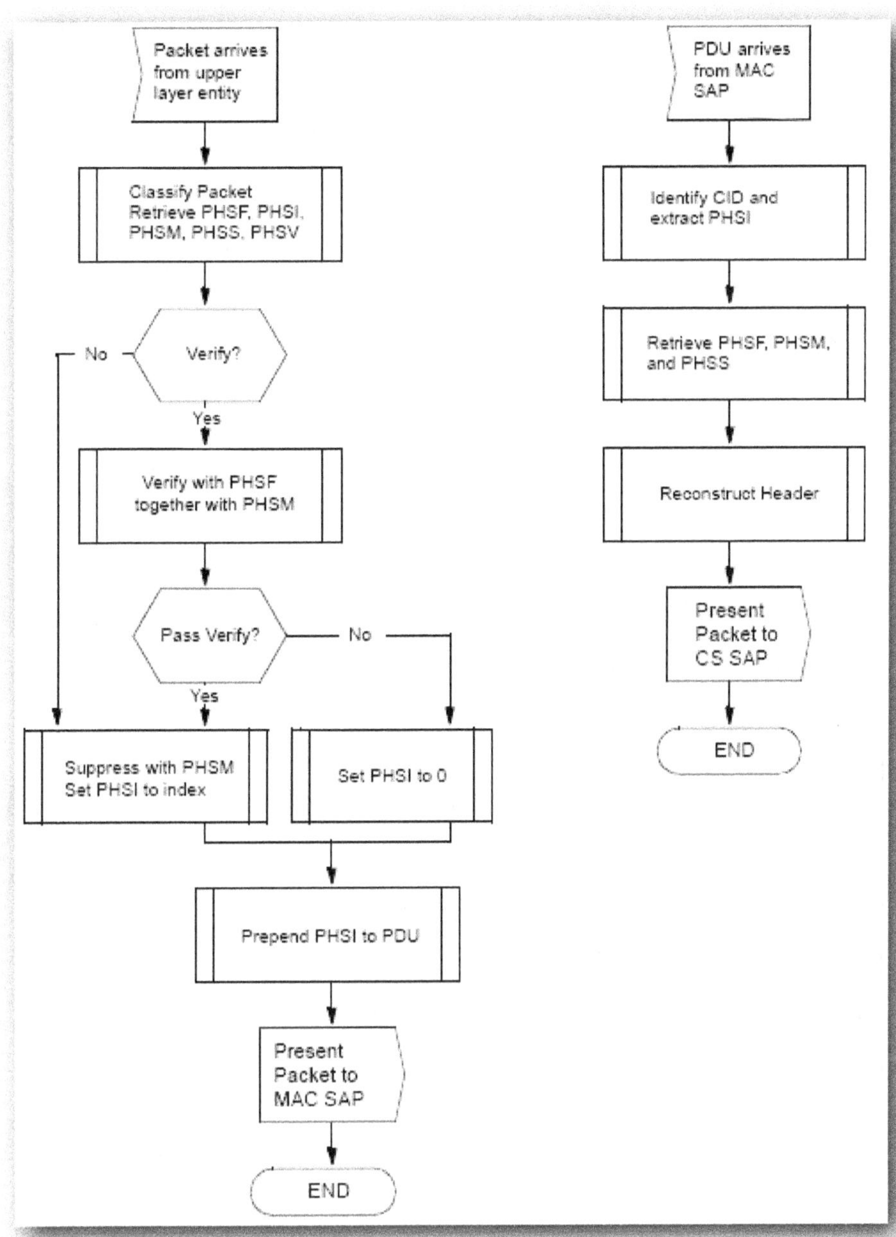

Figura 21. Operación de PHS

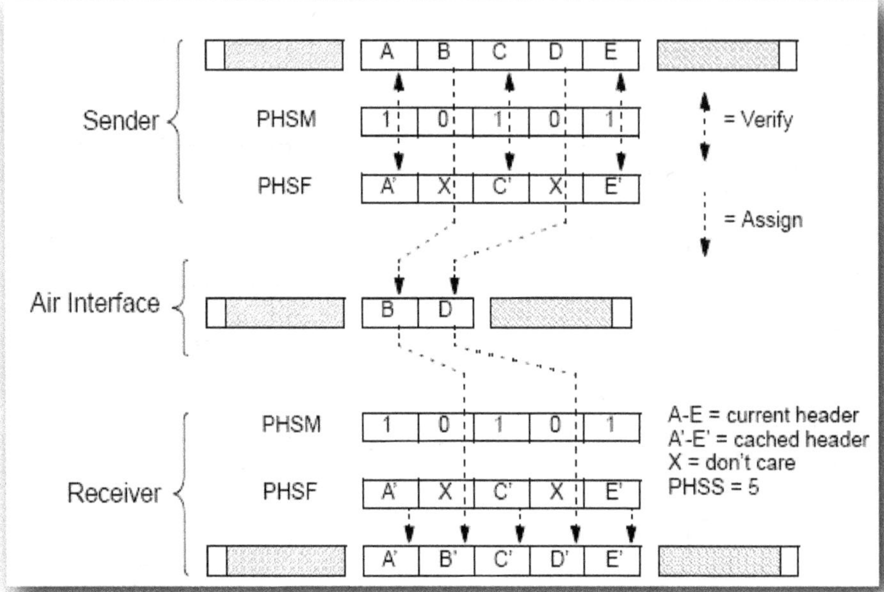

Figura 22. PHS con empleo de máscara

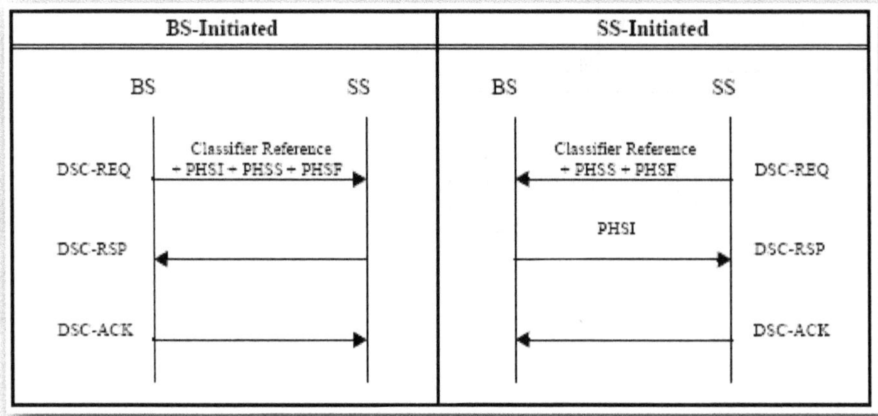

Figura 23. Ejemplo de señalización PHS

7.5.- Parte específica relacionada con IEEE 802.3/ Ethernet

Las PDUs del estándar IEEE 802.3/Ethernet son mapeadas a MAC SDUs con dos opciones. La figura 24 muestra la PDU CS Ethernet cuando la supresión de cabecera esta habilitada en la conexión, pero se encuentra aplicada en la PDU CS. La figura 25 muestra la PDU Ethernet con supresión de cabecera.

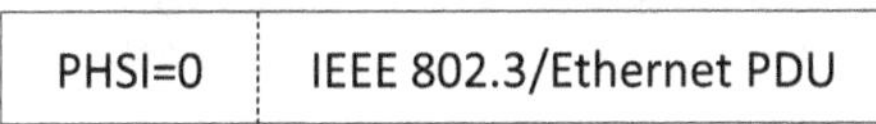

Figura 24. Formato PDU CS sin supresión de cabecera

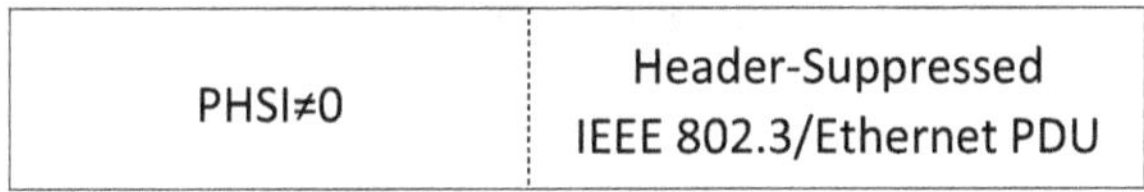

Figura 25. Formato PDU CS con supresión de cabecera

En el caso donde PHS no esta habilitado, PHSI debe ser omitido. La PDU del estándar IEEE 802.3/Ethernet no incluye el FCS Ethernet cuando es transmitido sobre CS.

7.5.1.- Clasificadores CS en IEEE 802.3/Ethernet

Los siguientes parámetros son relevantes para los clasificadores CS de Ethernet:

- Parámetros de clasificación de estándar IEEE 802.3/Ethernet: cero o más parámetros de clasificación de la cabecera Ethernet (Ej. dirección MAC destino, dirección MAC origen, Ethertype/SAP).
- Para IP sobre Ethernet, las cabeceras IP pueden ser incluidas en la clasificación. En este caso, los parámetros de clasificación IP son permitidos.

La tabla 6 muestra los valores permitidos por el estándar en CS.

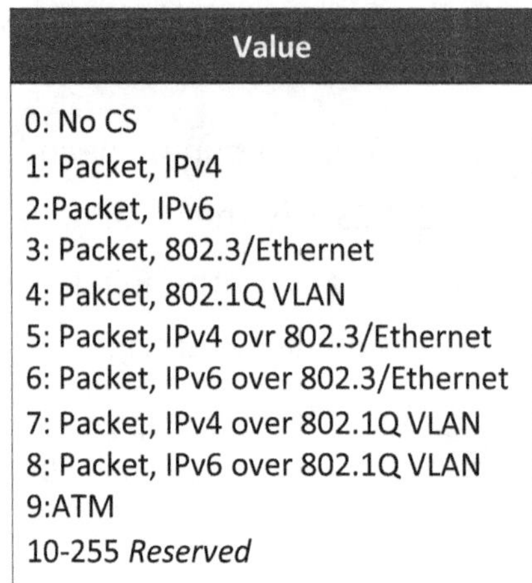

Value
0: No CS 1: Packet, IPv4 2:Packet, IPv6 3: Packet, 802.3/Ethernet 4: Pakcet, 802.1Q VLAN 5: Packet, IPv4 ovr 802.3/Ethernet 6: Packet, IPv6 over 802.3/Ethernet 7: Packet, IPv4 over 802.1Q VLAN 8: Packet, IPv6 over 802.1Q VLAN 9:ATM 10-255 *Reserved*

Tabla 6. Parámetros especificados en CS

Una cabecera comprimida IP sobre encapsulamiento IEEE 802.3/Ethernet se negocia el caso donde una función de compresión IP (Ej. ECRTP o ROHC) es realizada en un paquete IP, efectuado a una trama Ethernet, antes de su ingreso a la subcapa de convergencia. La función de compresión no operará en una cabecera de trama Ethernet, por lo que la cabecera de la trama permanece intacta.

Para una cabecera IP comprimida sobre IEEE 802.3/Ethernet, la compresión de la cabecera IP y cabeceras VLAN pueden ser incluidas en la clasificación. En este caso, únicamente parámetros de clasificación para IEEE 802.3/IEEE 802.1Q y la cabecera IP comprimida, son permitidos.

7.6.- Parte específica relacionada con IEEE STD 802.1Q-VLAN

El CS será empleado cuando las tramas VLAN están etiquetadas con IEEE Std 802.1Q-2003, transportadas sobre una red IEEE Std 802.16.

El formato de la PDU CS IEEE 802.1Q-2003 VLAN será como el mostrado en la figuras 26 y 27. La figura 26 muestra una PDU cuando la supresión de cabecera se encuentra habilitada en la conexión pero no es aplicada a la PDU CS. La figura 27 muestra la PDU con cabecera suprimida.

En el caso donde PHS no este habilitado, PHSI deberá estar omitido.

PHSI=0	IEEE 802.1Q VLAN tagged frame

Figura 26. Formato PDU CS IEEE 802.1Q VLAN sin supresión de cabecera

PHSI≠0	Header-Suppressed IEEE 802.1Q VLAN tagged frame

Figura 27. Formato PDU CS IEEE 802.1Q VLAN con supresión de cabecera

7.6.1.- Clasificadores CS IEEE 802.1Q-2003 VLAN

Los siguientes parámetros son relevantes para los clasificadores:

- IEEE Std 802.3/Ethernet header: cero o más parámetros de clasificación en IEEE Std 802.3/Ethernet header (dirección MAC destino, dirección MAC origen, Ethertype/SAP).

- El estándar IEEE Std 802.1Q-2003 VLAN PDU no incluirá el FCS (Frame Check Sequence) cuando se transmite sobre CS.

- IEEE Std 802.1D-2003: cero o más parámetros de la clasificación IEEE (rango de prioridad IEEE Std 802.1D-2003, IEEE 802.1Q-2003 VLAN).

- Para IP sobre IEEE Std 802.1Q-2003 VLAN. Las cabeceras IP pueden ser incluidas en la clasificación. En este caso, los parámetros de clasificación IP son permitidos.

7.7.- Parte específica IP

Esta cláusula aplica cuando IP [6] es transportado sobre IEEE Std 802.16.

El formato de la PDU CS IP será tal como se nuestra en las figuras 28 y 29. La figura 28 muestra la PDU CS cuando la supresión de cabecera se encuentra habilitada pero no aplicada a la misma; la figura 29 muestra la supresión de cabecera aplicada.

En el caso donde PHS no se encuentra habilitado, el campo PHSI deberá ser excluido.

Figura 28. Formato de la PDU CS IP sin compresión de cabecera

PHSI≠0	COMPRESSED-IP-Header + payload

Figura 29. Formato de la PDU CS IP con compresión de cabecera

Los clasificadores IP operan en los campos de la cabecera IP y en el protocolo de transporte. Los parámetros siguientes pueden ser usados en los clasificadores IP:

a.- Tipo de servicio IP o DSCP (differentiated services codepoints)

Los valores del campo especifican los parámetros de correspondencia para el byte de tipos de servicios IP / DSCP (IETF 2474) y su máscara. Un paquete IP con el byte ToS (IP type of service) concuerda este parámetro con tos-low, tos-high y tos-mask. Si este campo es omitido, la comparación del campo IP ToS es irrelevante.

b.- Protocolo

El valor de este campo especifica una lista de valores de concordancia para el campo del "IP Protocol". Para IPv6 [7], este se refiere a la próxima entrada de cabecera en la última cabecera IP.

El valor del código de este campo es definido por la IANA en el documento "número de protocolos".

Si este parámetro es omitido, la comparación del campo "IP header protocol" es irrelevante.

c.- Dirección IP fuente, dirección IP destino

Especifica las direcciones fuente y/o destino con las que se desea hacer concordancia con el clasificador.

d.- Rango de protocolos fuente, rango de protocolos destino

Especifica un rango igual o mayor de protocolos fuente o destino, que tengan concordancia para el campo "IP header protocol".

7.8.- Parte específica de compresión de la cabecera IP

La subcapa de convergencia CS soporta SDUs en dos formatos que facilitan compresión robusta de IP y de las cabeceras de capas superiores. Estos formatos ROCH [8] y ECRTP [9], los cuales son referenciados como formatos PDU CS de compresión de cabecera IP.

Los formatos PDU CS de compresión de cabecera IP son mapeados a SDUs de acuerdo con las figuras 30 y 31. La figura 30 muestra una supresión de cabecera habilitada pero no aplicada, mientras la figura 31 muestra la PDU CS IP con compresión de cabecera.

Figura 30. Formato PDU CS IP sin compresión de cabecera IP

PHSI≠0	Header-Suppressed IP Packet

Figura 31. Formato PDU CS IP con compresión de cabecera IP

Los clasificadores de compresión de cabecera IP operan en el contexto de los campos ROHC y ECRTP de paquetes comprimidos. Los parámetros de compresión de cabecera pueden ser usados en los clasificadores.

8.- Subcapa de parte común MAC-CPS (Mac Common Part sublayer)

Una red que utiliza un método de acceso compartido debe tener un mecanismo eficiente para acceso al medio. Dos ejemplos de topologías de redes inalámbricas son la topología PMP (point-to-multipoint) y la topología en malla. En estas topologías, el medio es el espacio a través del cual las ondas de radio se propagan.

Aunque si bien es cierto que la especificación MAC involucra protocolos IP, existen elementos base del estándar que son aplicados únicamente para la operación MAC, necesarios en este tipo de redes.

8.1.- PMP

El downlink, definido como la comunicación desde el BS hacia el SS, opera en modo básico en PMP. El enlace inalámbrico IEEE 802.16 opera con un BS central y una antena sectorizada que es capaz de manejar múltiples sectores independientes en forma simultánea.

En un canal de frecuencia dado y una antena sectorial, todas las estaciones reciben la misma transmisión o partes de ella. El BS es el único transmisor operando en esta dirección, cuya transmisión no es permitida para otras estaciones, excepto para operación TDD.

El downlink es generalmente broadcast. En casos donde el DL-MAP (downlink) no indica explícitamente que una porción de la subtrama DL-MAP es para un específico SS, todos los SSs son capaces de escuchar esta porción de la subtrama downlink. Los

SSs chequean el CID en la PDU recibida y retienen únicamente aquellas PDUs dirigidos a ellos.

Las estaciones de suscriptor SS, comparten el uplink hacia el BS, en una operación en demanda. Dependiendo de la clase de servicio utilizado, el SS puede tener derechos para seguir transmitiendo, o el derecho para transmitir puede ser dado por el BS, después de un requerimiento del SS.

En relación a los mensajes individuales direccionados, los mensajes pueden ser en multicast o broadcast.

En cada sector, los usuarios se adhieren al protocolo de transmisión, que controla la contención entre usuarios y habilita el servicio para ser ajustado a los requerimientos de retardo y ancho de banda de cada aplicación. Este procedimiento se acompaña con cuatro tipos de mecanismos de programación uplink, los cuales son implementados usando concesión de ancho de banda sin haberla solicitado, sondeo y procedimientos de contención.

Los mecanismos son definidos en el protocolo para permitir a los fabricantes optimizar el rendimiento del sistema, usando diferentes combinaciones de estas técnicas de asignación de ancho de banda, mientras mantienen una interoperabilidad consistente.

Los cuatro mecanismos de programación pueden ser implementados especificando juegos de parámetros de QoS tales como:

- Programación de servicios para soportar flujos de datos en tiempo real con paquetes de tamaño fijo y periódicos, tales como servicios T1/ E1 y voz sobre IP sin supresión de silencio.

- Servicios de programación para soporte de flujos de datos en tiempo real con paquetes de tamaño variable y periódicos, tales como video en movimiento (MPEG).

- Servicios de programación para soporte de flujos de datos tolerante a retardos y paquetes de datos de tamaño variable con una mínima tasa de datos requerida, tales como FTP.

- Servicios de programación para soporte de flujos de datos sin un mínimo de nivel de servicio requerido.

En general, las aplicaciones de datos son tolerantes al retardo, mientras que las aplicaciones en tiempo real, tales como video y voz, requieren un servicio más uniforme y en algunos casos, una programación muy ajustada.

La contención puede ser usada para evitar que un sondeo individual de SSs sea inactivo por un largo periodo de tiempo.

El uso del sondeo simplifica el acceso y garantiza que las aplicaciones reciban servicio de una forma determinístico, si así es requerido.

Para cualquier propósito, se debe tener presente que la MAC es orientada a conexión.

Para propósitos de mapeo de servicios en los SSs y variados niveles de calidad de servicio asociados, todas las comunicaciones de datos se encuentran en el contexto de una conexión de transporte.

El flujo de servicio puede ser provisto cuando un SS es instalado en el sistema. En un tiempo corto, después del registro del SS, conexiones de transporte son asociadas con estos flujos de servicio (una conexión por flujo de servicio), para proveer referencia contra un requerimiento de ancho de banda. Adicionalmente, nuevas conexiones de transporte pueden ser estabilizadas cuando un servicio del cliente necesita ser modificado.

Una conexión de transporte define el mapeo entre procesos de convergencia entre peers que utilizan la MAC y un flujo de servicio. El flujo de servicio define los parámetros de QoS para las PDUs que son intercambiadas en la conexión.

El concepto de un flujo de servicio en una conexión de transporte, es el punto central de la operación del protocolo MAC. Los flujos de servicio proveen un mecanismo de administración de QoS para uplink y downlink. En particular, existe un proceso integral de asignación de ancho de banda.

Un requerimiento de ancho de banda uplink de un SS, en una conexión básica, identifica un flujo de servicio. El ancho de banda es otorgado por el BS a un SS como una agregación de derechos en respuesta de un requerimiento del SS.

Las conexiones de transporte, una vez estabilizadas, pueden requerir un mantenimiento activo. Los requerimientos de mantenimiento varían dependiendo del tipo de servicio conectado. Por ejemplo, un servicio sin canalización T1 no requiere virtualmente un mantenimiento a la conexión, una vez tenga un constante ancho de banda localizado en forma periódica. En cambio, servicios canalizados T1 requieren algún mantenimiento, dependiendo de los requerimientos de asignación de ancho de banda dinámicos.

Servicios IP pueden requerir una sustancial cantidad de mantenimiento, debido a la naturaleza de sus ráfagas y alta posibilidad de fragmentación.

Tal como en el establecimiento de una conexión, conexiones modificables pueden requerir mantenimiento para estimular a los SSs o al lado de la red de la conexión.

Las conexiones de transporte pueden ser terminadas. Esto generalmente ocurre únicamente cuando el lado del cliente requiere cambios. Sin embargo, la terminación de la conexión de transporte es realizada por el BS o por el SS.

Tres tipos de funciones de administración de conexiones de transporte son soportados a través del uso de configuración estática y dinámica: adición, modificación y eliminación de flujos de servicio.

8.2.- Malla

La principal diferencia entre la topología PMP y Malla (Mesh), implementada en forma opcional, es que en PMP, el tráfico únicamente ocurre entre el BS y los SSs, mientras en el caso de malla, el tráfico puede ser enrutado a través de otros SSs y/o puede ocurrir directamente entre SSs, dependiendo del protocolo de transmisión empleado.

El intercambio de información en topologías en malla puede ser realizado de una forma básica, utilizando mecanismos de colocación distribuida, o de otra manera, empleando la superioridad del BS en la malla, logrando con ello, una programación centralizada; por último, se puede realizar una combinación de las técnicas anteriores.

En una red en malla, un sistema que tiene una conexión directa a los servicios de backhault fuera de la red en malla, es terminado como malla-BS. Todos los otros sistemas de la malla son terminados como malla-SS. Todos los sistemas de una red en malla son llamados nodos.

En el contexto de una malla, el uplink y downlink, son definidos como tráfico en dirección a la malla-BS y el tráfico desde malla-BS, respectivamente.

Tres términos importantes en los sistemas malla son: vecinos, vecindario y vecindario extendido.

Las conexiones con las cuales un nodo tiene conexión directa son los vecinos; los vecinos de un nodo se llaman vecindario. Todos los vecinos de un nodo están a un salto desde el nodo. Un vecindario extendido contiene adicionalmente todos los vecinos de su vecindario.

En un sistema malla, no existe un malla-BS que transmita sin haber coordinado con los otros nodos. Usando programación distribuida, todos los nodos incluidos el malla-BS coordinarán sus transmisiones con sus vecindarios que se encuentren a dos saltos, y enviarán por broadcast sus programaciones, tales como los recursos disponibles, requerimientos y concesiones, a todos sus vecinos.

En forma opcional, la coordinación con los otros nodos también se puede realizar directamente con requerimientos sin coordinación entre dos nodos. En este caso, los nodos se asegurarán que las transmisiones resultantes no causarán colisión con el tráfico de control y datos programado por otro nodo, y en los vecindarios hasta dos saltos. No existen mecanismos para diferenciar entre programación downlink y uplink.

Usando programación centralizada, los recursos y concesiones se efectúan de una manera centralizada. El malla-BS otorgará recursos a todos los malla-SSs en cierto rango de cobertura, que estén a un salto. El malla-BS determinará la cantidad de recursos concedidos para cada enlace de la red en downlink y uplink, y comunicara estas concesiones a todos los malla-SSs en el rango de un salto. Los mensajes de concesión no contienen la programación actual, no obstante, cada nodo lo computará usando un algoritmo predeterminado con unos parámetros dados.

Todas las comunicaciones están en el contexto de un enlace, las cuales son establecidas entre dos nodos. Un enlace será usado para la transmisión de datos entre dos nodos. La QoS es aprovisionada sobre enlaces de una manera mensaje-a-mensaje. Los parámetros de QoS y servicio no son asociados a un enlace, sin embargo, cada mensaje unicast tiene un parámetro de servicio en la cabecera. La clasificación de tráfico y regulación de flujo son efectuados en el momento de ingreso del nodo, por un protocolo de clasificación / regulación de capa superior.

Los parámetros de servicio asociados con cada mensaje serán comunicados juntos con el contenido del mensaje vía MAC SAP.

Los sistemas malla típicamente emplean antenas omni-direccionales o direccionales de 360°, pero también pueden ser empleadas antenas sectoriales. En el borde de cobertura de una red malla, un único punto de conexión puede ser necesitado, en el cual una antena direccional de alta ganancia puede ser empleada.

8.3.- Plano de datos / Control en redes PMP

Cada SS tiene una dirección MAC universal de 48 bits, definida en IEEE Std 802-2001. Esta dirección define de forma única un SS de todos los posibles vendedores y tipos de equipos.

La MAC es usada durante el proceso de configuración inicial, para estabilizar las conexiones apropiadas para un SS. Es también usada como parte del proceso de autenticación por el cual el BS y SS, cada uno, verifica la identidad del otro.

Las conexiones son identificadas por un CID (Conection Identifier – identificador de conexión) de 16 bits. En la inicialización del SS, dos pares de conexiones de administración (downlink y uplink) son establecidas entre el SS y BS; un tercer par de conexiones de administración pueden ser generadas opcionalmente. Los tres pares de conexiones reflejan el hecho de que existen tres diferentes niveles de QoS para el manejo del tráfico entre el SS y el BS. La conexión básica es usada por la MAC BS y MAC SS para intercambio de mensajes de administración MAC urgentes.

La conexión de administración primaria es usada por la MAC BS y MAC SS para intercambio de mensajes de administración MAC más tolerantes a retardo. La conexión de administración secundaria, es usada por el BS y SS para transmisión de datos tolerante al retardo, tales como mensajes basados en estándares (SNMP, TFTP, DHCP, etc.). Estos mensajes son portados en datagramas IP. Los mensajes portados en una conexión de administración secundaria pueden ser paquetes y/o fragmentos de ellos. El uso de conexiones de administración secundarias es elegido sólo para SS que son administrados.

Para la capa PHY SCa, OFDM y OFDMA, los mensajes de administración deben llevar el campo CRC.

Los CIDs para las conexiones anteriores son asignados en los mensajes RNG-RSP y REG-RSP. Los diálogos de mensajes proveen tres valores de CID. El mismo valor de CID es asignado al uplink y downlink, para cada par de conexiones.

Para los servicios soportados, el BS inicia la configuración de conexiones basado en la información de aprovisionamiento distribuida por los SSs hacia el BS. El registro de un SS o la modificación de los servicios contratados a un SS, estimulan a las capas superiores del BS a iniciar la programación de las conexiones.

Un CID puede ser considerado como un identificador de una conexión, aún para tráfico nominal que no es orientado a conexión, tal como el tráfico IP, ya que este sirve como puntero para el destino y para el contexto de información. El uso de 16 bits en el CID permite un total de 65536 conexiones en cada canal downlink y uplink.

Los requerimientos para transmisión son basados en el CID, aún cuando el ancho de banda aceptada puede diferir para distintas conexiones en un mismo tipo de servicio. Por ejemplo, un SS que sirve múltiples inquilinos en un edificio, podría hacer requerimientos de representación de todas las necesidades de cada uno de ellos, a través de los límites del servicio contratado; de la misma manera, otros parámetros de conexión pueden ser asignados de forma diferente para cada uno de ellos.

Muchas sesiones de capas superiores pueden operar sobre el mismo CID inalámbrico. Podemos citar en este caso a muchos usuarios de una empresa que al comunicarse con TCP/IP, se pueden comunicar a diferentes sitios, todos ellos operando en un mismo parámetro de servicio. En este caso, una vez las direcciones fuente y destino en la LAN son encapsuladas en la porción de carga útil de la transmisión, no existe problema en identificar las diferentes sesiones simultáneas de usuarios.

El tipo de servicio y otros parámetros de un servicio, son implícitos en el CID; ellos pueden ser accesados al mirar el índex del CID.

8.4.- Plano de datos / Control en redes en malla

Cada nodo tiene una dirección MAC universal de 48 bits, definida en IEEE Std 802-2001. Esta dirección define de forma única un nodo de todos los posibles vendedores y tipos de equipos. Esta dirección es usada durante el proceso de entrada a la red y como parte del proceso de autorización, con el cual el nodo candidato y la red, verifica la identidad del otro.

Cuando un nodo es autorizado en la red, después de un requerimiento al malla-BS, este recibe un identificador de nodo (Node ID), número de 16 bits, que es la base para identificar los nodos durante una operación normal. Este es transferido en la subcapa de malla basada en la cabecera genérica MAC, tanto en mensajes unicast como en broadcast.

Para el direccionamiento de nodos en el vecindario local, un identificador de enlace (Link ID) de 8 bits, es empleado. Cada nodo asigna un Link ID para cada enlace que ha establecido con sus vecinos. Los Link IDs son enviados durante el establecimiento del enlace.

El Link ID es transmitido como parte del CID en la cabecera genérica MAC, en mensajes unicast. Es empleado en programación distribuida para identificar requerimientos de recursos y concesiones. Una vez estos mensajes son enviados por broadcast, los nodos receptores pueden determinar la programación usando el Node ID del transmisor en la subcabecera de malla y el Link ID en la carga útil del mensaje MSH-DSCH (messh Mode Schedule with Distributed Scheduling).

8.5.- Formato MAC PDU

Las PDUs tiene la forma mostrada en la figura 32. Cada PDU comienza con una longitud fija genérica de la cabecera MAC. La cabecera puede seguir, opcionalmente, con la carga útil de la MAC PDU. Si esta presente la carga útil, esta consistirá de cero o más sub-cabeceras y cero o más SDUs MAC y/o fragmentos de ellas. La información de la carga útil puede variar en longitud, por lo que la MAC PDU puede tener un número variable de bytes. Esto permite a la MAC servir de túnel a varios tipos de tráfico de protocolos de capa superior, sin necesidad de conocer los formatos o patrones de bits de esos mensajes.

La MAC PDU contiene en su último campo el CRC (código de redundancia cíclica). La implementación de este campo es obligatoria en las capas físicas PHY WierelesMAN-SCa, WierelesMAN-OFDM y WierelesMAN-OFDMA.

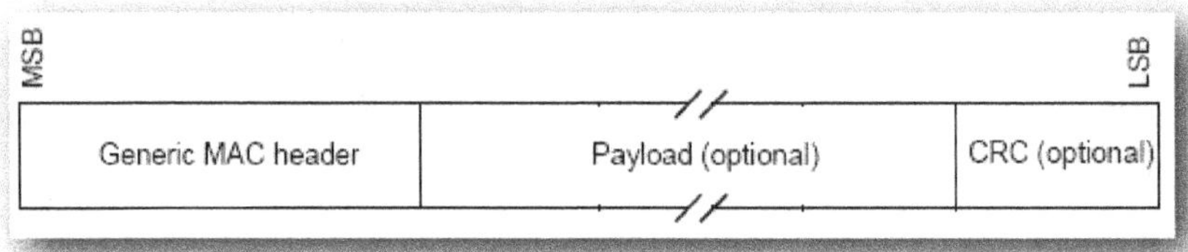

Figura 32. Formato de la MAC PDU

La cabecera genérica MAC tiene la forma que se muestra en la figura 33.

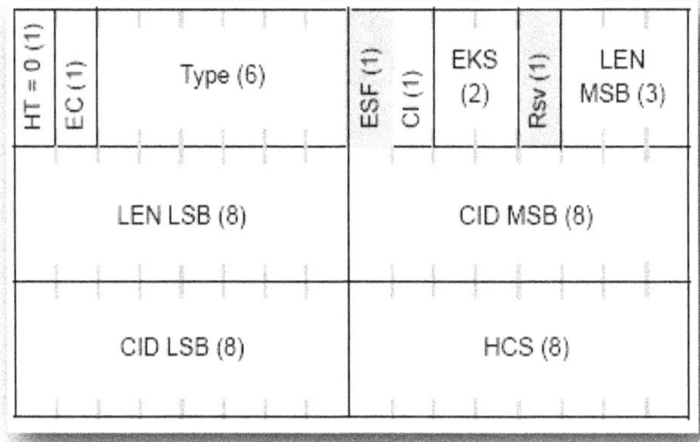

Figura 33. Formato de una cabecera MAC genérica

El significado de cada campo en la cabecera genérica MAC se presenta en la tabla 7:

Sigla	Significado
CI	Indicador del CRC. 0 = CRC no incluido; 1= CRC incluido
CID	Conection Identifier – identificador de conexión. 16 bits
EC	Encription Control – control de encripción. 0 = paidload no encriptado ; 1 = paiload encriptado
EKS	Encryption Key Sequence – índice del TEK (traffic encryption key) e inicialización. Usado para encriptar el paidload. Este campo sólo tiene significado si EC=1
HCS	Header Check sequence – usado para detección de errores en la cabecera.
HT	Header type – se coloca en cero
LEN	Longitud en bytes de la MAC PDU. Incluye la cabecera MAC y CRC
Type	Indica las subcabeceras y tipos especiales del paidload presentes en mensajes de paidload.
EFS	Extended subheader Field – si EFS= 0, ausente; EFS=1, presente, seguido de GMH. Aplica al DL y UL.

Tabla 7. Siglas de la cabecera genérica MAC

8.6.- Mensajes de administración MAC

Un juego de mensajes de administración MAC es definido. Estos mensajes son transportados en la carga útil de la MAC PDU. Todos los mensajes inician con un campo "tipo de mensaje de administración" (Management message type) y pueden contener campos adicionales.

Los mensajes de administración son enviados en broadcast en el colocamiento inicial de conexiones y no pueden ser fragmentados o empaquetados.

En la conexión de administración primaria, pueden estar fragmentados y/o empaquetados. Para el caso de las capas físicas PHY SCa, OFDM y OFDMA, los mensajes de administración deben usar el CRC. La figura 34 y la tabla 8 muestran la estructura del mensaje y tipos definidos.

Figura 34. Formato del mensaje de administración MAC

Type	Message name	Message description	Connection
0	UCD	Uplink Channel Descriptor	~~Broadcast~~ Fragmentable Broadcast
1	UCD	Downlink Channel Descriptor	~~Broadcast~~ Fragmentable Broadcast
2	DL-MAP	Downlink Access Definition	Broadcast
3	UL-MAP	Uplink Access Definition	Broadcast
4	RNG-REQ	Ranging Request	Initial Ranging or Basic
5	RNG-RSP	Ranging Response	Initial Ranging or Basic
6	REG-REQ	Registration Request	Primary Management
7	REG-RSP	Registration Response	Primary Management
8	-	Reserved	-
9	PKM-REQ	Privacy Key Management Request	Primary Management
10	PKM-RSP	Privacy Key Management Response	Primary Management or Broadcast
11	DSA-REQ	Dynamic Service Addition Request	Primary Management
12	DSA-RSP	Dynamic Service Addition Response	Primary Management
13	DSA-ACK	Dynamic Service Addition Knowledge	Primary Management
14	DSC-REQ	Dynamic Service Change Request	Primary Management
15	DSC-REQ	Dynamic Service Change Response	Primary Management
16	DSC-ACK	Dynamic Service Change Acknowledge	Primary Management
17	DSD-REQ	Dynamic Service Delection Request	Primary Management
18	DSD-RSP	Dynamic Service Delection Response	Primary Management
19	-	Reserved	-
20	-	Reserved	-
21	MCA-REQ	Multicast Assignment Request	Primary Management

Type	Message name	Message description	Connection
22	MAC-RSP	Multicast Assignment Response	Primary Management
23	DBPC-REQ	Downlink Burst Change Request	Basic
24	DBPC-RSP	Downlink Burst Change Response	Basic
25	RES-CMD	Reset Command	Basic
26	SBC-REQ	SS Basic Capability Request	Basic
27	SBC-RSP	SS Basic Capability Response	Basic
28	CLK-CMP	SS Network clock comparison	Broadcast
29	DREG-CMD	De/Re-register Command	Basic
30	DSX-RVD	DSx Received Message	Primary Management
31	TFTP-CPLT	Config File TFTP Complete Message	Primary Management
32	TFTP-RSP	Config File TFTP Complete Response	Primary Management
33	ARQ-Feedback	Standalone ARQ Feedback	Basic
34	ARQ-Discard	ARQ Discard Message	Basic
35	ARQ-Reset	ARQ Reset Message	Basic
36	REP-REQ	Channel measurement Report Request	Basic
37	REP-RSP	Channel measurement Report Response	Basic
38	FPC	Fast Power Control	Broadcast
39	MSH-NCFG	Mesh Network Configuration	Broadcast
40	MSH-NENT	Mesh Network Entry	Basic
41	MSH-DSCH	Mesh Distributed Schedule	Broadcast
42	MSH-CSCH	Mesh Centralized Schedule	Broadcast
43	MSH-CSCF	Mesh Centralized Schedule Configuration	Broadcast
44	AAS-FBCK-REQ	AAS Feedback Request	Basic
45	AAS-FBCK-RSP	AAS Feedback Response	Basic
46	AAS_Beam_Select	AAS Beam Select message	Basic

Type	Message name	Message description	Connection
47	AAS_BEAM_REQ	AAS Beam Request message	Basic
48	AAS_BEAM_RSP	AAS Beam Response message	Basic
49	DREG-REQ	SS De-registration message	Basic
50-225		Reserved	-
50	MOB_SLP-REQ	sleep request message	basic
51	MOB-SLP-RSP	sleep response message	basic
52	MOB_TRF-IND	traffic indication message	broadcast
53	MOB_NBR-ADV	neighbor advertisement message	broadcast, primary management
54	MOB_SCN-REQ	scanning interval allocation request	basic
55	MOB_SCN-RSP	scanning interval allocation response	basic
56	MOB_BSHO-REQ	BS HO request message	basic
57	MOB_MSHO-REQ	MS HO request message	basic
58	MOB_BSHO-RSP	BS HO response message	basic
59	MOB_HO-IND	HO indication message	basic
60	MOB_SCN-REP	Scanning result report message	primary management
61	MOB_PAG-ADV	BS broadcast paging message	broadcast
62	MBS_MAP	MBS MAP message	-
63	PMC_REQ	Power control mode change request message	Basic
64	PMC_RSP	Power control mode change response message	Basic
65	PRC-LT-CTRL	Setup/Tear-down of long-term MIMO precoding	Basic
66	MOB_ASC-REP	Association result report message	primary management
67-255		Reserved	-

Tabla 8. Mensajes de administración MAC

8.7.- Mecanismo ARQ (Automatic Repeat Request)

El mecanismo ARQ es una unidad distintiva de datos que es portada en una conexión, cuando ARQ se encuentra habilitado. Es un mecanismo que forma parte de la MAC.

Cuando es implementado, ARQ puede ser habilitado de una forma básica por conexión. Una conexión ARQ es especificada y negociada durante la creación de una conexión. Una vez establecida, no puede existir una mezcla entre tráfico con ARQ y tráfico sin ARQ. ARQ es limitada a una conexión unidireccional.

A cada unidad se le asigna un número de secuencia, y es administrado como una entidad aparte por las máquinas de estado ARQ. El tamaño del bloque es un parámetro negociado durante el establecimiento de la conexión.

ARQ No puede ser implementado en WirelessMAN-SC.

8.8.- Programación de servicios

La programación de servicios representa los mecanismos del manejo de datos soportados por el programador MAC para el transporte de datos en una conexión. Cada conexión es asociada con un único servicio programado. Un servicio programado es determinado por un juego de parámetros de QoS que cuantifica aspectos de su tipo de contenido. Estos parámetros son administrados usando diálogos de mensajes DSA y DSC (ver tabla 8).

Los cuatro mecanismos soportados son: UGS (Unsolicited Grant service), rtPS (Real-time Polling Service), nrtPS (Non-real-time Polling Service) y BE (Best Effort)

El UGS es diseñado para soportar flujos constantes en tiempo real con paquetes de tamaño fijo, en intervalos de tiempo periódicos tales como T1/E1 y VoIP (Voice over IP) sin supresión de silencios. El flujo de parámetro obligatorio de QoS para esta programación de servicio es definido con: máxima rata sostenida, máxima latencia, Ritter soportado y políticas de requerimiento y retransmisión.

El rtPS es diseñado para soporte de flujos en tiempo real con tamaño variable de paquetes, tales como video MPEG. Los parámetros de QoS obligatorios para esta programación de servicio son: rata mínima de tráfico reservada, rata máxima de tráfico sostenida, latencia máxima y políticas de requerimiento y retransmisión.

El nrtPS es diseñado para soportar flujos de datos tolerantes a retardo con tamaño de paquetes variables, para los cuales una rata mínima es requerida. Como ejemplo tenemos FTP. Los parámetros obligatorios de QoS para estos flujos incluyen: mínima rata de tráfico reservado, máxima rata de tráfico sostenido, prioridad de tráfico y políticas de requerimiento y retransmisión.

El servicio BE es diseñado para soportar flujos de datos para los cuales no existe un nivel de servicio mínimo, por lo que puede ser manejado en el espacio disponible de ancho de banda. Los parámetros obligatorios para estos flujos de servicio incluyen: máxima rata de tráfico sostenida, prioridad de tráfico y políticas de requerimiento y retransmisión.

9.- Subcapa de seguridad (Security Sublayer)

9.1.- Arquitectura del protocolo

La subcapa de seguridad provee a los suscriptores privacidad, autenticación o confidencialidad[5] a través de la red de banda ancha. Para lograrlo, se emplean transformaciones criptográficas a las MPDUs (MAC PDU) transportadas a través de conexiones entre el SS y BS.

En consecuencia, la subcapa de seguridad proporciona al operador fuerte protección del robo de servicio. El BS es protegido contra acceso no autorizado a los servicios de transporte de datos, asociando los flujos de servicio a través de la red.

La subcapa de seguridad emplea un protocolo de administración de llaves de autenticación cliente/ servidor con el cual el BS (servidor), controla la distribución de llaves al SS (cliente).

Los mecanismos de seguridad básicos son fortalecidos adicionando certificados digitales para autenticación de los dispositivos cliente, para el protocolo de manejo de llaves.

---

[5] Este estándar define: confidencialidad = privacidad + autenticidad

La seguridad tiene dos componentes:

1.- Un protocolo de encapsulamiento para dar seguridad a los paquetes de datos que viajan a través de la red BWA.

Este protocolo define:

- Un conjunto de herramientas criptográficas soportadas. Por ejemplo, un par de algoritmos de autenticación y encoriación de datos.
- Las reglas para aplicar estos algoritmos a la carga útil de la MAC PDU.

2.- Un protocolo de manejo de llaves (PKM) que provee una distribución segura de llaves de datos del BS al SS. A través de este protocolo, los SS y BS sincronizan sus llaves. Como consecuencia de ello, el BS usa el protocolo para forzar acceso condicional a los servicios de red.

La pila del protocolo para los componentes de seguridad del sistema se muestra en la figura 35.

Los servicios de encripción son definidos como un juego de capacidades en la subcapa de seguridad MAC. La información específica de la cabecera MAC para la encripción es localizada en el formato de cabecera genérica MAC. La encripción es aplicada a la carga útil de la MAC PDU (MPDU); la cabecera genérica MAC no es encriptada. Todos los mensajes MAC de administración son enviados en texto claro para facilitar el registro, colocación y operación normal de la MAC.

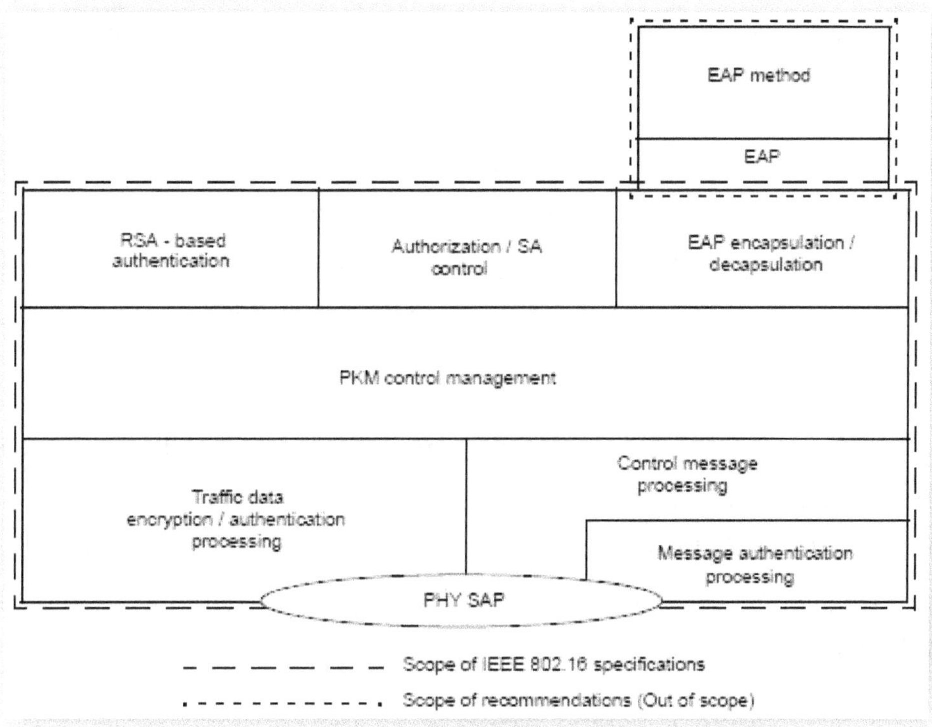

Figura 35. Subcapa de seguridad

9.1.1.- Protocolo de administración de llaves

El PKM (Protocol Key Management) permite una autenticación mutua y una autenticación unilateral. En el primer caso, cada equipo autentica al otro; en el otro caso, el BS autentica al SS, pero no viceversa. También soporta re-autenticación y re-autorización periódica y refresco de llaves.

El protocolo de administración de llaves usa EAP (Extensible Authentication Protocol) [11] o certificados digitales X.509 [12] junto con:

a.- Un algoritmo de encripción de llave pública RSA PKCS #1 [13] o

b.- Una secuencia de inicio con autenticación RSA seguida por autenticación EAP.

Igualmente, usa algoritmos de encripción fuerte para efectuar intercambio de llaves entre un SS y BS.

El protocolo de autenticación PKM establece una llave secreta llamada AK (Authorization Key) entre en SS y BS. Esta llave secreta compartida es usada para el intercambio subsiguiente de TEKs (Traffic Encryption Key) en PKM. El mecanismo de dos niveles para distribución de llaves, permite el refresco de TEKs sin incurrir en sobrecarga excesiva en operaciones de computación.

Un BS autentica un cliente SS durante el intercambio inicial de autorización. Cada SS presenta sus credenciales, las cuales son un único certificado digital X.509 expedido por el fabricante del SS (en el caso de la autenticación con RSA) o una credencial específica otorgada por el operador de la red BWA (en el caso de una autenticación basada en EAP).

El BS asocia una identidad del SS al servicio de suscriptor contratado. De esta manera, con el intercambio de AK, específicamente los TEKs, el BS determina la identidad autenticada de un cliente SS y el servicio al que el SS tiene acceso autorizado.

Una vez que el BS autentica al SS, éste se puede proteger contra ataques de engaño (spoofing) que emplean clones de SS, que al camuflarse, tratan de hacerse pasar por el legítimo SS.

La porción de administración de tráfico de llaves del protocolo PKM funciona en el modelo cliente/servidor, en donde el SS (cliente PKM) solicita una llave, mientras un BS (servidor PKM), responde a esta solicitud, asegurándose, que cada cliente SS de manera individual, recibe únicamente las llaves para los cual ellos han sido autorizados.

El protocolo PKM usa los mensajes de administración MAC, tales como PKM-REQ y PKM-RSP. Estos mensajes son definidos en la tabla 5.

9.1.2.- Protocolo de autenticación

Un cliente SS usa el protocolo PKM para obtener autorización y llaves de tráfico (TEKs) del BS, y para soporte a re-autorizaciones periódicas y refresco de llaves.

PKM soporta dos mecanismos de autenticación:

a.- Protocolo RSA PKCS #1 v2.1 con SHA-1 (FIPS 186-2) [14]. Los fabricantes deben obligatoriamente soportar PKMv1. Opcionalmente PKMv2.

b.- EAP [11], usado opcionalmente, a menos que específicamente sea requerido.

9.1.3.- Protocolo de autenticación RSA

El protocolo de autenticación RSA en PKM usa certificados digitales X.509 y el algoritmo de encripción de llaves públicas RSA, que enlaza la llave de encripción RSA pública con la dirección MAC del SS.

Un BS autentica a un cliente durante el intercambio de autorización inicial. Cada SS porta un único certificado digital X.509 generado por el fabricante del SS. El certificado digital contiene la llave pública del SS y la dirección MAC. Cuando se solicita un AK, el SS presenta su certificado digital al BS. El BS verifica el certificado digital y usa la llave pública verificada del SS para encriptar un AK, el cual envía de regreso al SS.

Todos los SS que usan autenticación RSA tienen un par de llaves pública / privada instaladas en fábrica, o proveen un algoritmo interno que genera tales llaves dinámicamente.

Si un SS emplea el algoritmo interno para la generación de sus llaves, éstas deben ser creadas antes de su primer intercambio de AK. Igualmente, deben tener soporte a la instalación del certificado digital X.509 provisto por fábrica.

Todos los SSs con el juego de llaves RSA instaladas en fábrica, también tienen instalado el certificado digital X.509.

9.1.4.- Protocolo de autenticación EAP

La autenticación EAP usa el protocolo descrito en [11] en conjunto con un método EAP de operador seleccionado, como por ejemplo EAP-TLS [15]. El método EAP empleará una clase particular de credencial, tal como un certificado digital X.509 para el caso de EAP-TLS, o un módulo de identidad del suscriptor como en el caso de EAP-SIM [16].

Las credenciales particulares y los métodos EAP no se encuentran en el alcance del estándar IEEE 802.16e-2005. Sin embargo, el método EAP seleccionado debe cumplir el criterio de "obligatorio" en la sección 2.2 del RFC 4017. El empleo de un método EAP que no cumpla el criterio descrito puede inducir a vulnerabilidades de seguridad en la red BWA.

Durante el proceso de re-autenticación, el EAP transfiere mensajes protegidos con un juego de variable HMAC/CMAC. El BS y SS deben descartar mensajes transferidos sin protección EAP o mensajes transferidos con compendios inválidos HMAC/CMAC durante la re-autenticación.

9.1.5.- Suites criptográficas

Una suite criptográfica es un conjunto de métodos de encripción de datos, autenticación de datos e intercambio de TEKs.

La tabla 9 muestra los identificadores de los algoritmos de encripción de datos soportados. La tabla 10 presenta los identificadores de algoritmos de encripción TEK, mientras la tabla 11 las suites criptográficas permitidas.

Value	Description
0	No data encryption
1	CBC-Mode, 56-bit DES
2	AES, CCM mode
3-255	reserved

Tabla 9. Algoritmos de encripción de datos

Value	Description
0	reserved
1	3-DES EDE with 128-bit key
2	RSA with 1024-bit key
3	AES with 128-bit key
4-255	reserved

Tabla 10. Identificadores de algoritmos de encripción TEK

Value	Description
0x000001	No data encryption, no data authentication and 3-DES, 128
0x010001	CBC-Mode, 56-bit DES, no data authentication and 3-DES, 128
0x000002	No data encryption, no data authentication and RSA, 1024
0x010002	CBC-Mode 56-bit DES, no data authentication and RSA, 1024
0x020003	CCM-mode AES, no data authentication and AES, 128
all remaining values	reserved

Tabla 11. Suites criptográficas permitidas

9.2.- Protocolos PKM

Existen dos protocolos PKM (Privacy Key Management Protocols) soportados en el estándar IEEE 802.16e-2005. PKM versión 1 (PKMv1) y PKM versión 2 (PKMv2). El segundo, ofrece a parte de las características de la versión 1, nuevas características mejoradas, tales como la nueva jerarquía y organización de llaves, AES-CMAC, AES-key-wraps y MBS (Multicast and Broadcast Service).

9.2.1.- PKM versión 1

Una asociación de seguridad (SA – Security Association) es el conjunto de información de seguridad de un BS y uno o varios clientes SS, que soportan comunicaciones seguras a través de una red IEEE 802.16.

Existen tres tipos de SAs definidos: Primaria, Estática y Dinámica.

Cada SS establece una Asociación de Seguridad Primaria durante el proceso de inicialización. Las SAs Estáticas son provistas en el BS. Las SAs Dinámicas son establecidas y eliminadas en respuesta de la iniciación y terminación de Flujos de Servicios específicos. Las SAs Estáticas y las Dinámicas pueden ser compartidas por múltiples SSs.

Las tablas 12 y 13 presentan respectivamente los valores de los atributos para los tipos de SA y los sub-atributos de descripción de SAs. La tabla 14 muestra la codificación de flujos de servicio.

Value	Description
0	Primary
1	Static
2	Dynamic
3-127	reserved
128-255	Vendor-specific

Tabla 12. Valores de atributos para tipos de S.A.

Attribute	Contents
SAID	Security Association ID
SA-Type	Type of SA
Cryptographic-Suite	Cryptographic suite employed within the SA

Tabla 13. Sub–atributos del descriptor de S.A.

Un SA comparte información que incluye la suite criptográfica empleada en la SA. La información compartida también puede incluir los TEKs y vectores de inicialización (IV – Initialization Vectors). El contenido preciso de la SA depende de los algoritmos criptográficos usados. Las SAs son identificadas con los SAIDs.

Cada SS establece una SA primaria exclusiva con su BS. El SAID de cualquier SA primaria del SS, es igual al CID de ese SS.

Al utilizar el protocolo PKM un SS solicita de su BS un juego de llaves necesarias para autenticación. El BS se asegura que cada cliente SS sólo tiene acceso a las SAs que es autorizado acceder.

Un juego de llaves SAs, que podría ser una llave DES (Data Encryption Standard) y un vector de inicialización CBC, tiene un tiempo de vida limitado. Cuando un BS envía un juego de llaves SA al SS, este se envía con un tiempo de vida estimado. Es responsabilidad del SS de solicitar de nuevo el juego de llaves al BS antes de que ellas expiren. Si las llaves expiran antes de recibir un juego nuevo, el SS debe realizar de nuevo el proceso de ingreso a la red, como si fuese la primera vez.

En algunos algoritmos criptográficos, el tiempo de vida de las llaves puede limitarse a un agotamiento en la rata de transferencia, como en el caso de AES-CCM, en donde se define el PN (Packet Number). En este caso la llave expira cuando el tiempo de vida expira o cuando el número de paquetes se ha agotado.

Type	Parameter
1	Service Flow Identifier
2	CID
3	Service Class Name
4	reserved
5	QoS Parameter Set Type
6	Traffic Priority
7	Maximum Sustained Traffic Rate
8	Maximum Traffic Burst
9	Maximum Reserved Traffic Rate
10	Maximum Tolerable Traffic Rate

Type	Parameter
11	Service Flow Scheduling Type
12	Request/Transmission Policy
13	Tolerated Jitter
14	Maximum Latency
15	Fixed-length vs Variable-length SDU Indicator
16	SDU Size
17	Target SAID
18	ARQ Enable
19	ARQ_WINDOW_SIZE
20	ARQ_RETRY_TIMEOUT - Transmitter Delay
21	ARQ_RETRY_TIMEOUT - Receiver Delay
22	ARQ_BLOCK_LIFETIME
23	ARQ_SYNC_LOSS
24	ARQ_DELIVER_IN_ORDER
25	ARQ_PURGE_TIMEOUT
26	ARQ_BLOCK_SIZE
27	reserved
28	CS Specification
143	Vendor-specific QoS Parameter
99-107	Convergence Sublayer Types

Tabla 14. Codificación de flujos de servicio

9.2.2.- Autorización del SS e intercambio de AK

La autorización del SS es controlada por la máquina de estado de Autorización, y es el proceso en el que un BS autentica la identidad de un cliente SS.

El proceso es el siguiente:

a.- El BS y el SS establecen un AK compartido a través de RSA, con el cual una llave de encripción llave (KEK – key encryption key) y llaves de mensaje de autenticación con derivados.

b.- El BS provee la autenticación del SS empleando su identidad, tal como el SAID y propiedades de las SAs primaria y estáticas, desde donde el SS ha obtenido la información de llaves.

Después de lograr la autorización inicial, el SS periódicamente es re-autorizado por el BS. La re-autorización en este caso también es manejada por la máquina de estado de Autorización. Las máquinas de estado TEK manejan el refresco de todas las TEKs.

9.2.3.- Autorización empleando RSA

Un SS comienza una autorización enviando un mensaje de Información de Autenticación (Authentication Information) al BS. El mensaje contiene el certificado digital X.509 del fabricante del SS, otorgado por el mismo o por una autoridad de certificación (Certification Authority).

El mensaje de Información de Autenticación es estrictamente informativo, es decir, el BS puede tomar o ignorar tal mensaje. Sin embargo, este mensaje provee un mecanismo para que el BS aprenda los certificados de los fabricantes en sus clientes SS.

El SS envía un mensaje de Requisición de Autorización (Authorization Request) a su BS inmediatamente después de enviar un mensaje de Información de Autenticación. Este proceso es un requisito para el AK. Así como lo es para el SAID identificar cualquier SAs de seguridad estática, el SS debe ser autorizado para participar en el AK.

El mensaje de Requisición de Autorización incluye:

a.- Un certificado digital X.509 otorgado por el fabricante.

b.- Una descripción del algoritmo criptográfico que el SS soporta. Las capacidades criptográficas del SS son presentadas al BS como una lista de identificadores criptográficos, cada uno indicando un par de paquetes de encripción de datos y algoritmos de autenticación soportados por el SS.

c.- El CID básico del SS. El CID básico es el primer CID estático que el BS asigna al SS durante la colocación inicial. El SAID primario es igual al CID básico.

En respuesta a un mensaje de Requisición de Autorización, un BS valida la identidad del SS, determina el algoritmo de encripción y protocolo soportado que compartirá con el SS, activa un AK para el SS, lo encripta con la llave pública del SS y lo envía de regreso al SS en un mensaje de Respuesta de Autorización.

El mensaje de Respuesta de Autorización incluye:

a.- Un AK encriptada con la llave pública del SS.

b.- Un número de secuencia de 4 bits usado para distinguir entre generaciones sucesivas de AKs.

c.- Tiempo de vida.

d.- La identidad (Ej. el SAID) y propiedades del SA primaria y cero o más SAs estáticas, con las cuales el SS es autorizado para obtener información del juego de llaves.

Mientras el mensaje de Respuesta de Autorización identificará estáticamente SAs, adicionalmente a la SA primaria, la SAID concordará con el CID básico. Un mensaje de Respuesta de de Autorización no identificará ninguna SAs dinámica.

El BS en respuesta a un mensaje de Requisición de Autorización a un SS, determinará si el SS es autorizado para un nivel de servicio unicast básico y que servicios adicionales de aprovisionamiento ha suscrito el usuario (Ej. SAID). El servicio protege a los BS para hacer disponibles a los servicios del SS dependiendo de los mecanismos de criptografía compartidas entre el SS y BS.

Un SS periódicamente refresca su AK, re-solicitándola con una Requisición de Autorización al BS. Una re-autorización es similar a una autorización, con la excepción que un SS no enviará mensajes de Información de Autenticación durante los ciclos de re-autorización.

Para evitar interrupciones de servicio durante la re-autorización, generaciones sucesivas de AKs a los SSs son generadas con superposición y tiempo de vida. Tanto el BS como el SS se encuentran habilitados para soportar hasta dos AKs simultáneas y activas durante estos periodos de transición.

9.2.4.- Intercambio de TEK en una topología PMP

Una vez ha alcanzado la autorización, un SS inicia en forma separada, máquinas de estado TEK para cada identificador SAID asignado en un mensaje de Respuesta de Autorización (Authorization Reply). Cada máquina de estado TEK que opera en el SS es responsable para manejar el juego de llaves asociado con su respectiva SAID.

Las máquinas de estado TEK, periódicamente envían un mensaje de Requisición de llaves (Key Request) al BS, donde solicitan refresco del juego de llaves para sus respectivos SAIDs.

El BS responde a una Requisición de llaves con un mensaje de Respuesta de llaves (Reply Key), que contiene las llaves activas del BS para es específico SAID.

El TEK es encriptado usando un apropiado KEK (Key Encryption Key) que es derivado del AK.

Todo el tiempo el BS mantiene dos juegos activos de llaves por cada SAID. El tiempo de vida de las dos generaciones se solapa de tal manera, que cada generación se encuentra activa la mitad del tiempo de vida de su predecesora y existirá en la mitad del tiempo de vida de su sucesora.

El BS incluye en su Respuesta de llaves ambas generaciones activas para un SAID.

9.3.- Métodos criptográficos

Todas las implementaciones en los SSs y BS deben soportar el mismo método de:

- Encriptación de paquetes de datos,
- Encriptación de TEK
- Cálculo del mensaje de resumen (digest)

9.3.1.- Métodos de encriptación de paquetes de datos

Se definen los siguientes métodos de encriptación:

- Basado en DES en modo CBC
- Basado en AES en modo CCM
- Basado en AES en modo CTR
- Basado en AES en modo CBC
- Basado en TEK-128 con AES Key Wrap

9.3.1.1.- Basado en DES en modo CBC

Si el identificador del algoritmo de encriptación de datos en la suite criptográfica es un SA = 0x01, las conexiones de datos asociadas con el SA usarán el modo CBC con el algoritmo DES (U.S. Data Encryption Standard), para encriptar la carga útil de la MAC PDU. El estándar definido en [19], [20] y [21].

El CBC IV es calculado de la siguiente forma:

En el downlink, el CBC es inicializado con la OR-exclusiva (XOR) de:

a.- El parámetro IV incluido en la información del juego de llaves TEK.

b.- El actual número de trama (Frame Number).

En uplink, el CBC es inicializado con:

a.- El parámetro IV incluido en la información del juego de llaves TEK.

b.- El número de trama (Frame Number) de la trama donde el relevante UL-MAP fue transmitido.

9.3.1.2.- Basado en AES en modo CCM

Si el identificador del algoritmo de encripción de datos en la suite criptográfica es un SA=0x02, los datos en las conexiones asociadas con el SA usarán el modo CCM con AES (U.S. Advanced Encryption Estándar), para encriptar la carga útil de la MAC PDU, especificación [22], [23].

La carga útil del PDU es adicionado con un prefijo de 4 bytes para el PN (Packet Number). El PN es transmitido como el primer LSB. El PN no puede ser encriptado.

9.3.1.3.- Basado en AES en modo CTR

Si el identificador del algoritmo de encriptación de datos en la suite criptográfica de un MBS GSA = 0x80, los datos en las conexiones asociadas con tal SA usarán el modo CTR de AES [22], [23], [25], para encriptar la carga útil de la MAC PDU. En MBS (Multicast and broadcast services), el bloque AES y el contador de cifrado en bloque es de 128 bits.

9.3.1.4.- Basado en AES en modo CBC

Si el identificador del algoritmo de encriptación de datos en la suite criptográfica es un SA=0x03, las conexiones de datos asociadas con tal SA usará el modo CBC de AES, para encriptar la carga útil de la MAC PDU [22], [23].

9.3.1.5.- Basado en TEK-128 con AES Key Wrap

El método de encriptación TEK-128 ses usado con el identificador del algoritmo de encripción TEK en la suite criptográfica = 0x04.

El BS encripta el valor de los campo del TEK-128 en el mensaje de Respuesta de llave (Key Reply), y lo envía al SS. Este campo es encriptado usando AES Key Wrap Algorithm.

9.3.2.- Encriptación del TEK

El TEK puede ser encriptado de las siguientes formas:

a.- 3DES, puede ser usado para SAs con el identificador del algoritmo de encriptación TEK=0x01.

b.- RSA, cuando TEK=0x02. En este caso emplea PKCS #1 v2.0

c.- TEK-128 con AES, cuando TEK=0x03. Emplea AES con 128 bits en modo ECB.

d.- TEK-128 con AES Key Wrap, encripta TEK-128 cuando TEK=0x04.

9.3.3.- Métodos de cálculos de resúmenes HMAC

El cálculo de resumen (digest) se basa IETF RFC 2104 [26], que emplea HMAC con el algoritmo hash seguro SHA-1 [24].

10. Aplicaciones presentes y futuras en IEEE 802.16

Considerando algunas de las posibles aplicaciones en las que estamos trabajando donde podremos utilizar el estándar IEEE 802.16, hemos considerado los siguientes entornos [32]:

- Aplicaciones comerciales
- Aplicaciones en servicios de emergencias
- Aplicaciones militares
- Aplicaciones en redes de vehículos VANET
- Aplicaciones en redes de comunicaciones UAVs
- Aplicaciones en redes submarinas (AUVs)

Debido al acceso de banda ancha inalámbrica y su gran incremento, WiMAX ha atraído mucho la atención de diferente tipo de comunidades en diversas aplicaciones, la propuesta inicial de WiMAX se basa en el estándar IEEE 802.16-2004 (también llamado IEEE 802.16d), que apoya ambos LOS (Line of sign) (visibilidad directa) y no-LOS para los nodos fijos. Sin embargo, más adelante en el marco de IEEE 802.16e (También llamado WiMAX móvil), se añade el apoyo a la movilidad. El estándar IEEE 802.16 define un modo de funcionamiento de malla junto con un modo PMP central llamado (punto a multipunto).

En el primer caso, el tráfico de datos se produce directamente entre los nodos de la estación del abonado (SS): Sin embargo, en el tráfico de datos debe ser manejado por un nodo centralizado llamado estación base.

En general, WiMAX es un candidato con un gran potencial para ser utilizado en la aplicación en redes de nueva generación debido a su gran alcance de transmisión y el apoyo de QoS. En realidad, la capa MAC de WiMAX es por división de tiempo determinista acceso múltiple (TDMA)-Lile (en oposición a la naturaleza estocástica y basado en contención de CSMA / CA de IEEE 802.11p). Esto es muy beneficioso para evitar la colisión capa MAC, en particular durante las aplicaciones que requieren de alarmas y control a nivel de seguridad.

Además, WiMAX corrobora un soporte de QoS basada en clases, que es muy ventajoso para diferenciar la prioridad y el tipo de aplicaciones requerido por los diferentes tipos de tráfico que circulan en la red. Estas características de WiMAX permite la compatibilidad en un entorno todo IPv6/MPLS integrado con protocolos como Diff-serv. Nuestra propuesta para el uso del estándar WiMAX móvil en las siguientes aplicaciones es la integración del estándar en un entorno todo IPv6/MPLS compatible para aplicaciones de redes de nuevas generaciones presentadas en este capítulo.

El modelo de red y el tipo de aplicaciones en fase de desarrollo para prototipos reales están descritos a nivel teórico en este capítulo. En cada uno de los casos el estándar de comunicaciones móviles usado es IEEE 802.16e que nos permite proveer cobertura en grandes distancias y calidad de servicios extremo a extremo en una red de nueva generación.

10.1.- Propuesta del modelo de red

En el escenario propuesto representa una red de nueva generación con diferentes tipos de aplicaciones y tráfico. El satélite en algunos casos puede ser usado en caso de congestión o de nodos fallidos. Este satélite geoestacionario Leo, tiene múltiples pasarelas terrestres (nodos), con interfaces para enlaces satelitales y enlaces terrestres inalámbricos. Cada grupo de nodos de similares características que pertenecen a una red forman un "clúster" Este clúster tiene un nodo que sirve de pasarela; los "clúster" pueden ser subdivisiones de una gran red inalámbrica con diferentes estaciones base.

El satélite puede interconectarse con todas las redes terrestres y no terrestres. Este satélite usualmente es administrado por un centro de control y de operaciones remotas, con un canal dedicado. Este centro de control remoto, tiene un enlace o conexión a Internet. El satélite puede soportar un mayor ancho de banda para descargar paquetes y un moderado ancho de banda para cargar. El satélite tiene características de nuevas generaciones satelitales. La red inalámbrica terrestre junto al satélite, formará una red híbrida jerárquica, variando la capacidad de los nodos y las diferentes características de los canales.

Los nodos pasarela, tienen múltiples caminos para establecer comunicación con otros nodos pasarela. Asumimos que cada nodo de red, incluyendo los nodos satelitales, son direcciones IP y están basados en los protocolos IP. El satélite provee una gran cobertura sobre la red, los caminos seleccionados se basan en el concepto extremo a extremo usado en MPLS y Diffserv, para proveer calidad de servicios. La arquitectura puede tener un comportamiento dinámico a nivel de red superpuesta. En la red el ancho de banda, puede ser distribuido entre los diferentes nodos usados como pasarelas.

Esta arquitectura superpuesta garantiza el ancho de banda en las diferentes redes LAN. El estándar de comunicaciones para permitir comunicación en la red integrada es el estándar IEEE 802.16.

10.2.- Aplicación comercial

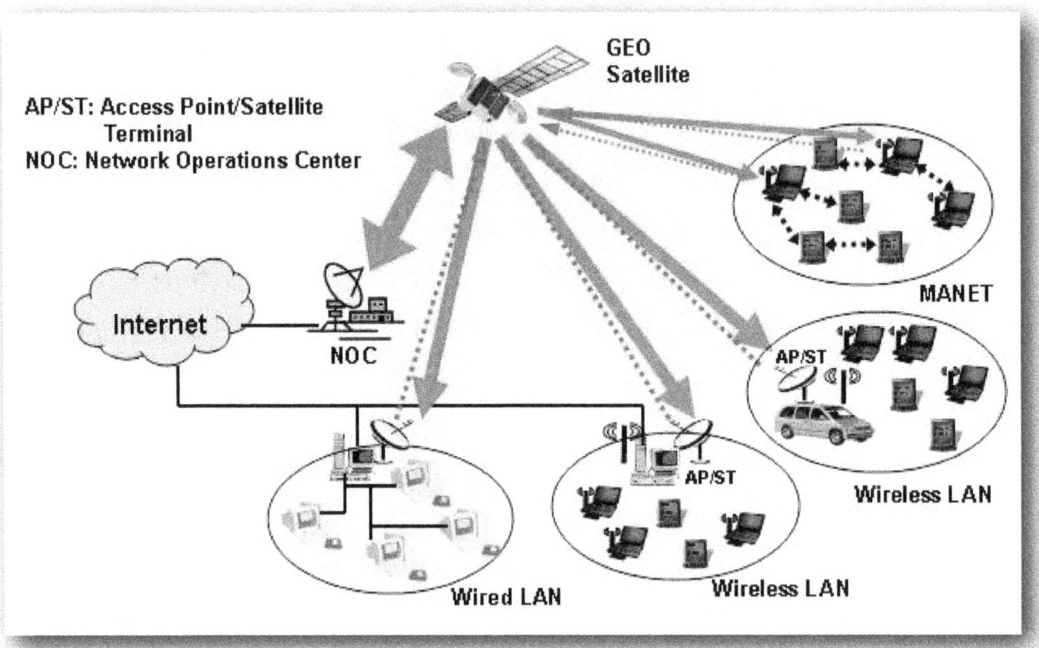

Figura 36. Modelo de red ad hoc-híbrida con un enlace satelital en aplicaciones comerciales urbanas

La figura 36 muestra una arquitectura pensada para aplicaciones comerciales en entornos urbanos. La red está formada por una red cableada LAN, una red inalámbrica con puntos de acceso fijos "Access Point", dos redes MANET que están conectadas una de la otra, Las redes cableadas y WLAN están conectadas a Internet por cable y a través de un enlace satelital. El satélite nos permite proveer cobertura en puntos donde el enlace cableado no llega.

Las dos redes MANET están conectadas con un enlace bidireccional que le permite conectarse a toda la red híbrida. Este primer escenario, es adecuado para aplicaciones comerciales como: tele-medicina, tele-educación, bolsa de valores, etc.

La arquitectura propuesta en la red es "Todo IPv6/MPLS" y el estándar usado es IEEE 802.16e es:

- La red cableada"Wired LAN" Utiliza los protocolos MPLS/Diffserv/IPv6.
- La red redes MANET Utiliza los protocolos FHAMIPv6/MPLS/Diffserv
- La red WLAN Utiliza los protocolos FHMIPv6/MPLS

10.3.- Aplicaciones militares

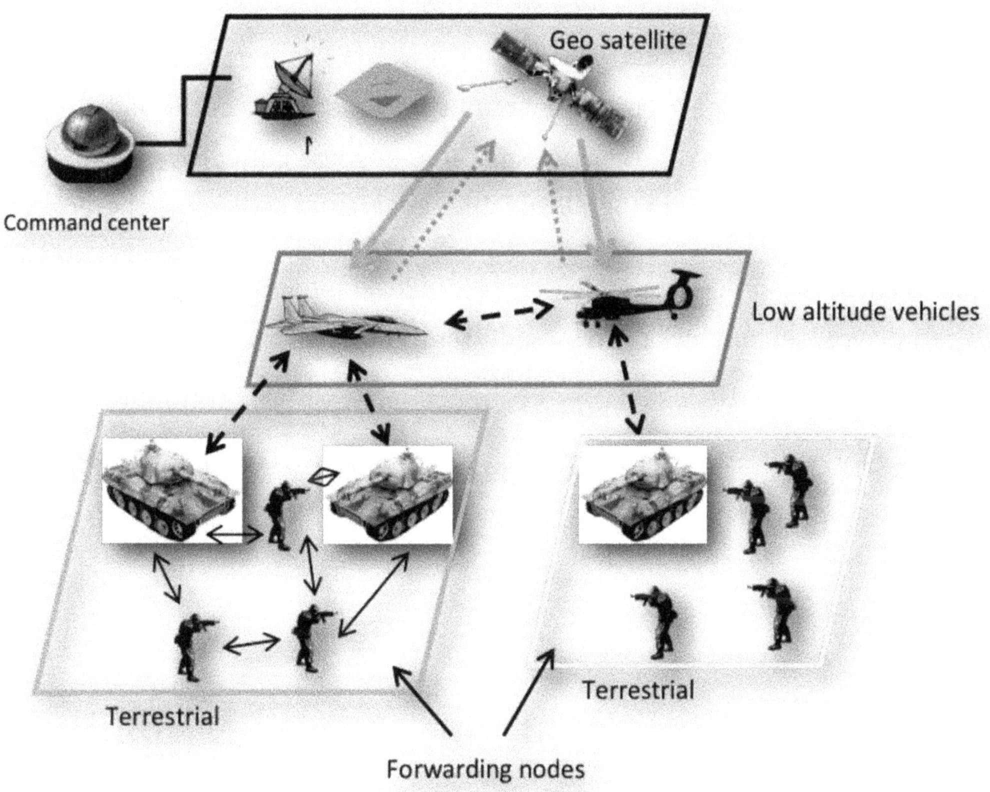

Figura 37. Red MANET para aplicaciones militares

La figura 37. Muestra una red para aplicaciones militares. La red terrestre está compuesta por redes MANETs con nodos móviles inalámbricos (soldados en tierra). Cada red MANET tiene uno o más carro-tanques que hacen la labor de enrutador "Forwarding Node" (FwN)" con una mayor capacidad de procesamiento y comunicaciones. Estos FwN, tienen comunicación entre ellos y con los otros MNs (soldados). También están conectados con MNs no terrestres (aviones y helicópteros) que vuelan a baja altitud. Estos MNs no terrestres, pueden conectarse entre ellos y a su vez establecen comunicación bidireccional con el satélite.

Los MNs no terrestres, sirven de pasarela entre la red terrestre y el enlace satelital. El satélite conectado a los MNs terrestres y no terrestres están a su vez conectados a un centro de control remoto. Para esta red MANET integrada de gran cobertura, WiMAX Mobile tiene mayor potencial para ser usado por la capacidad de cobertura que provee extremo a extremo y por sus características para proveer calidad de servicios y el uso en un entorno todo IPv6/MPLS en una red de nueva generación

En la arquitectura propuesta en la (figura 37) El estándar usado es WiMAX Mobile y los protocolos de comunicaciones usado tanto en la red MANET terrestre y no terrestre es:

- Red MANET terrestre- no terrestre se utiliza FHAMIPV6/MPLS/Diffserv

10.4.- Aplicaciones de emergencia

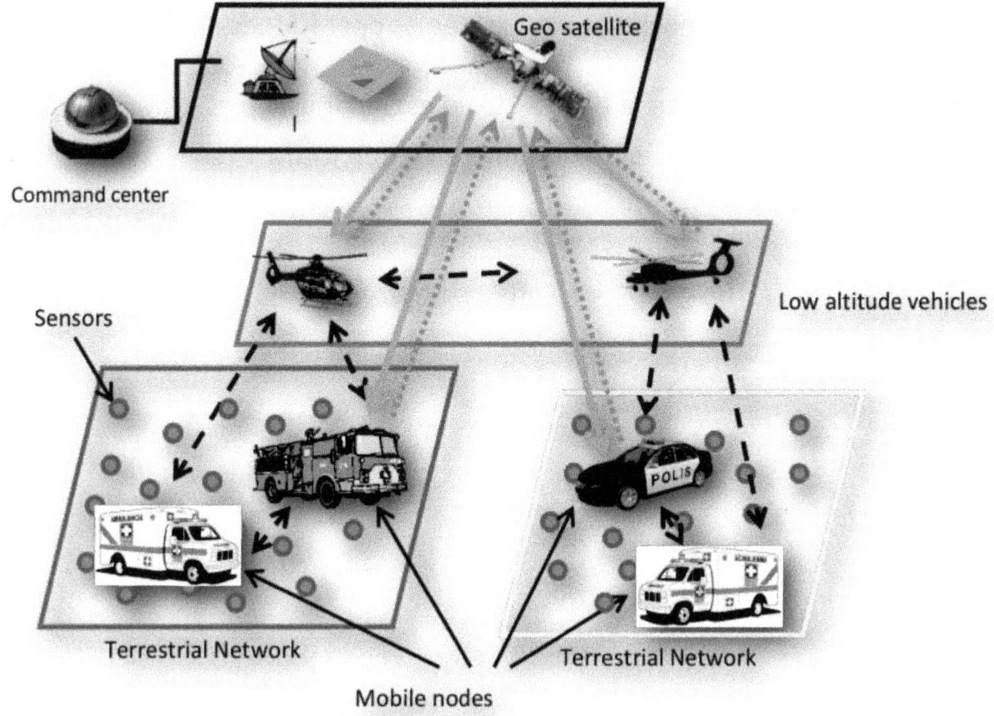

Figura 38. Red híbrida para aplicaciones de emergencia

La (figura 38). Ilustra una red híbrida inalámbrica para operaciones de emergencias. La red terrestre está formada por "Sensor Nodes" (SN), grupos de sensores de baja potencia formando un "clúster" o red de sensores. Cada "clúster" tiene una o más estaciones base con mayor capacidad (vehículos de emergencia). Los nodos móviles tienen comunicación con los SN y a su vez con los nodos no terrestres (aviones, helicópteros y el enlace satelital). El satélite está conectado a los MNs no terrestres que sirven de pasarela con la red terrestre, en caso de que haya problemas en la comunicación, o problemas de congestión en los enlaces.

El enlace satelital tiene una conexión bidireccional, con las pasarelas no terrestres y las estaciones base terrestres. Los vehículos de emergencia procesan la información que reciben de los sensores y la envían por medio de los MNs no terrestres, y éstos a su vez realizan el re-envío al satélite. El satélite está conectado con un centro de control de operaciones, donde se procesa toda la información y la re-envía en sentido contrario a los vehículos móviles, para facilitar las operaciones de desastre.

La arquitectura propuesta en la (figura 39), el estándar usado es WiMAX Mobile y los protocolos de comunicaciones usado tanto en la red MANET terrestre y no terrestre es:

- Red MANET terrestre- no terrestre FHAMIPv6/MPLS

10.5.- Aplicaciones en redes vehiculares "VANET"

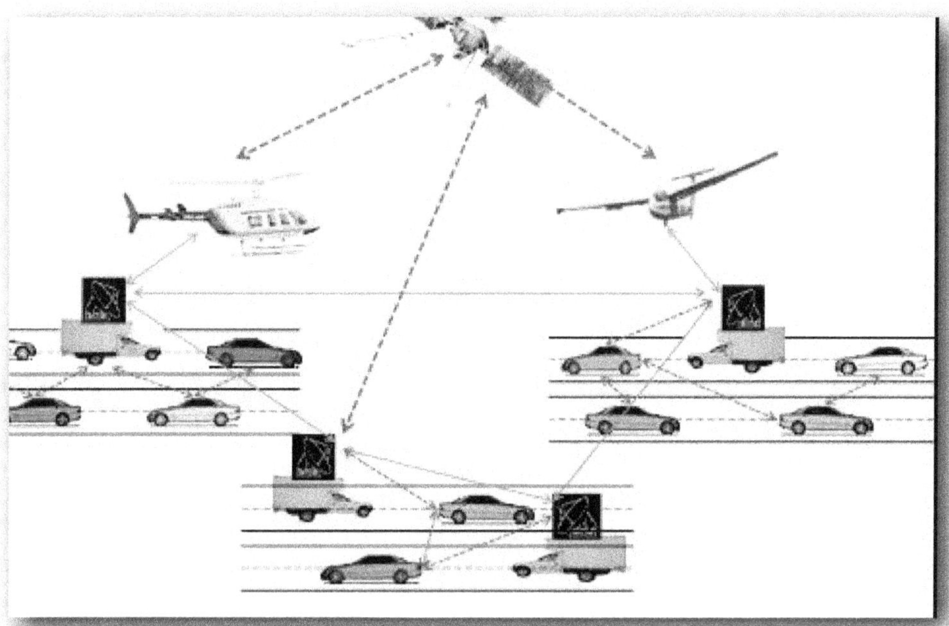

Figura 39. Seguridad vial y comunicaciones entre vehículos (coches)

Una de las aplicaciones de las redes "MANET" son las redes vehiculares (Coches, taxis, motocicletas, autobuses, vehículos de emergencia, etc.) Las redes Ad-hoc vehiculares son conocidas con el nombre de redes "VANET". Estas redes lo que hacen es realizar un cambio en los dispositivos móviles (Portátil, celular, PDA, etc.), por vehículos. La idea es que todas las aplicaciones que realizamos a través de nuestros móviles, se puedan realizar desde un vehículo con las mismas funcionalidades. Podríamos dar el concepto de vehículos dotados de cierto nivel de inteligencia, de tal forma que pueda intercomunicarse con otros vehículos.

La comunicación se podría pensar de uno a uno, o de uno a muchos o viceversa. Quizá, la idea que se esté masificando, es dotar a los vehículos de dispositivos electrónicos que permitan realizar las funciones que usualmente podemos realizar con un dispositivo móvil. Nuestra propuesta inicial en la seguridad vial es en sentido contrario, asistencia en carretera, confort, ocio, etc.

Nuestra red mantiene la arquitectura de una gran red MANET interconectada, la arquitectura de red está formada por clúster de redes VANET en las carreteras que cuenta con un nodo coordinador que sirve de pasarela y permite las comunicaciones con otros clúster de red VANET y con nodos no terrestres formados por aviones y helicópteros que vuelan a baja altitud. Estos nodos no terrestres tienen conexión bidireccional con un satélite. Este satélite a su vez se puede comunicar con el nodo coordinador de las redes VANET, estas redes VANET se pueden comunicar con redes cableadas e inalámbricas.

El protocolo de comunicación en esta gran red MANET interconectada es el estándar IEEE 802.16e y maneja el concepto todo IPv6/MPLS de una red de nueva generación.

- Red VANET- MANET terrestre- no terrestre utiliza los protocolos FHAMIPv6/ MPLS/Diffserv

10.6- Aplicaciones en redes de vehículos aéreos no tripulados (UAVs)

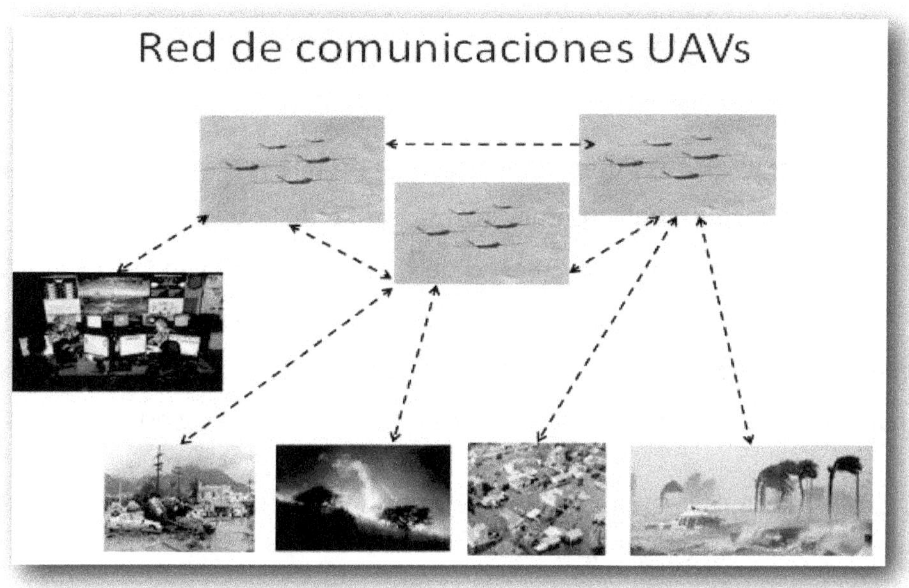

Figura 40. Red de comunicaciones de vehículos aéreos no tripulados (UAVs) en desastres naturales

La (figura 40) muestra una redes comunicaciones MANET de UAVs, cada red está formada por aviones no tripulados, cada avión no tripulado tiene equipos de comunicaciones que permite la comunicación entre ellos, cada grupo de aviones no tripulados que forman un clúster de UAVs. Este clúster tiene un nodo coordinador con una unidad de comunicaciones de mayor potencia que le permite establecer comunicaciones terrestres y no terrestres, tanto con las unidades de control como con los otros aviones no tripulados que pertenecen al clúster del que él hace parte como con otros clúster.

La interfaz de comunicaciones del nodo coordinador tiene dispositivos de hardware y software que permite usar el estándar IEEE 802.16e para comunicaciones de gran cobertura. Los nodos que pertenecen a cada clúster están sincronizados para cada trayectoria de vuelo. A su vez cada nodo de cada clúster cuenta con una serie de cámaras de alta definición para toma de imágenes que permiten procesamiento en 2D y 3D de alta resolución, estas imágenes pueden ser recibidas y emitidas por medio de un centro de control que es el sitio donde se monitoriza simultáneamente varios sectores de una ciudad o sector donde se haya producido un desastre natural de diferente índole.

Esta red de comunicaciones puede ser usada como una red MANET aérea para otro tipo de aplicaciones diferente de monitorización de desastres naturales de gran cobertura. En caso de un utilizarse esta red de UAVs como una red de comunicaciones no terrestres, cada nodo (UAVs) que pertenece a cada clúster se puede programar para que a su vez permita el enrutamiento a otros nodos o nodo coordinador que actúa como pasarela con otro tipo de nodos o redes terrestres y no terrestres.

La red de la (figura 41) es una red MANET que utiliza el estándar IEEE 802.16 y los protocolos FHAMPIv6/MPLS/Diffserv.

10.7.- Aplicaciones en redes de vehículos autónomos submarinos (AUVs)

Figura 41. Red de comunicaciones de vehículos y sensores submarinos AUVs (Imagen tomada de la Wikipedia)

En La (figura 41) podemos ver una red que está formada por una serie de sensores y vehículos submarinos o nodos que se comunican entre sí. Esta red a su vez consta de un nodo coordinador ya sea en la red de sensores o entre los nodos móviles AUV. Estos nodos móviles están comunicados entre sí con la red de sensores y con otros nodos móviles, a su vez los nodos móviles pueden estar conectados con una estación base ubicada en la superficie que a su vez puede estar intercomunicada con enlace satelital, este enlace satelital permite una mayor cobertura de comunicación.

El enlace satelital tiene conexión a Internet y a su vez está controlada por una unidad de control. En cuanto al estándar de comunicaciones que posee cada nodo móvil que actúa como nodo coordinador o cada sensor que realiza la misma función, potencialmente podríamos decir que sería ideal que dispositivos de hardware y software permitiesen usar el estándar IEEE 802.11e para proveer comunicaciones de gran cobertura.

La diferencia con las redes terrestres y aéreas anteriores, es el acceso al medio ya que estamos hablando de un medio acuático y las características de transmisión y recepción cambian. Considerando que el medio es diferente, además del estándar IEEE 802.16e habría que validar el sistema de comunicaciones por radio usando Wi-MAX. Inicialmente se puede probar una comunicación punto a punto; una vez logrado este objetivo, se puede establecer comunicación multipunto.

Una vez considerado estos aspectos, podríamos de forma similar, en otro tipo de redes terrestres y aéreas, usar el estándar de comunicaciones IEEE 802.16e y los protocolos de calidad de servicio. En el caso del protocolo de enrutamiento podríamos considerar un protocolo basándonos en la posición GPS de cada nodo móvil. Los nodos coordinadores a nivel de sensores podrán establecer comunicaciones a nivel de red con otros nodos. Los nodos coordinadores funcionan a su vez como pasarelas de comunicaciones y permiten usar los protocolos TCP/IP en un entorno todo IPv6/MPLS de nueva generación para comunicaciones submarinas de gran alcance.

10.8.- Conclusiones

La evolución de WiMAX IEEE 802.16 jugará un papel clave en las redes de próxima generación, de igual forma en la integración de diferentes tecnologías de acceso, la interoperabilidad mundial para acceso Micro-ondas, o WiMAX, está destinado principalmente para el intercambio de datos entre diferentes redes y tiene el potencial de proporcionar una mejora significativa en costo y rendimiento en comparación con los sistemas de redes de acceso de banda ancha inalámbricas existentes.

IEEE 802.16e permite un nuevo conjunto de servicios de datos en dispositivos móviles de alta velocidad a través de un área metropolitana extendida; esta área metropolitana cuenta con soluciones de menor costo, mayor rendimiento y fiabilidad. La cobertura se basa en un gran volumen de nodos interconectados para proporcionar al usuario una alta tasa de transferencia de datos. La capacidad para mantener la conexión mientras se mueve a través de los nodos extremos es un requisito previo para la movilidad y está incluido como requisito en el estándar IEEE 802.16e. WiMAX Mobile.

WiMAX es considerada como la red de acceso capaz de proporcionar mayor velocidad de transferencia de datos y por lo tanto, proporcionar en la red una mayor cobertura sin interrupción y degradación de la calidad de servicio requerida de acuerdo al tráfico que circula en la red. En caso de un *handover,* WiMAX permite realizar una entrega de paquetes de datos guiado de acuerdo a la aplicación, perfil del usuario, así como los parámetros de la red.

En cuanto a la gestión de la movilidad de los nodos móviles de una tecnología de acceso a otra, conocida como el *handover,* es necesario optimizar las métricas más sensibles de calidad de servicio (retardo, rendimiento, variación del retardo, paquetes perdidos) o por defecto, minimizar la degradación que puede sufrir estas métricas en un *handover*. Para lograr este objetivo proponemos usar simultáneamente el estándar IEEE 802.16 WiMAX Mobile y a nivel de red el concepto todo IPv6/MPLS compatible con los estándares definidos para redes de nuevas generaciones.

De acuerdo al tipo de arquitectura de red, podremos usar extensiones del protocolo IPv6 integradas con MPLS y a su vez con Diffserv con el fin de proveer calidad de servicio en *handover* vertical. Así podremos pensar en las siguientes integraciones de acuerdo a las arquitecturas y aplicaciones mencionadas en este capítulo.

FHAMIPv6/MPLS/Diffserv se utiliza en redes de nuevas generaciones integrando redes heterogéneas con el fin de proveer calidad de servicio extremo a extremo sin ignorar las características de movilidad de cada red, ya sea una red MANET, VANET, Submarina, etc.

Un aspecto importante a considerar es la seguridad. En nuestro caso, a nivel de red hemos considerado los posibles fallos en cada uno de los protocolos usados y en la interoperabilidad de estos, con el fin de evitar, la duplicidad de paquetes, etiquetas falsas, intrusos y enrutamientos manipulados con el fin de atacar el tráfico de paquetes desde un origen a un destino, a su vez, degradando y manipulando de forma maliciosa las aplicaciones y contenidos de los diferentes paquetes que circulan en la red de nueva generación.

Conclusiones

Este documento presenta el estado de arte del estándar IEEE 802.16-2004. Se inicia con la descripción global del protocolo, para luego detallar la capa física y capa de enlace de datos.

En la capa física se describen las interfases PHY WirelessMAN-SC, WirelessMAN-SCa, WirelessMAN-OFDM, WirelessMAN-OFDMA y WirelessHUMAN. Se incluye actualización del protocolo en IEEE Std 802.16-2012, IEEE Std 802.16h, IEEE Std 802.16j, IEEE Std 802.16m, IEEE Std 802.16e.

La capa de enlace de datos MAC especifica las tres subcapas: CS (Service-Specific Convergence Sublayer), CPS (Common Part Sublayer) y Security Sublayer.

El trabajo muestra como se ha diseñado el protocolo para permitir acceso de banda ancha para usuarios fijos y móviles.

El documento sirve de base para conocer a profundidad el estándar desde una perspectiva académica, y permite que el lector profundice posteriormente en temas que considere de interés particular. También, sirve de marco de referencia para futuros trabajos orientados hacia pruebas de interoperabilidad y/o conformidad para diferentes productos.

Desde la perspectiva de seguridad, el protocolo establece para su operación protocolos de encripción fuerte (AES en distintos modos), así como un robusto sistema de autenticación posible (RSA, EAP, certificados digitales). Define un protocolo de manejo de llaves PKM en dos versiones, siendo la versión PKMv1 de uso obligatorio. Igualmente, define distintas opciones para el intercambio de TEKs así como distintas opciones de encripción.

En términos generales, el estándar define una subcapa de seguridad que permite que los prestadores de servicio coloquen en funcionamiento redes BWA públicas, sin el problema de ser susceptibles al robo de servicio o de problemas de confidencialidad de la información que transporte sus clientes suscriptores.

Referencias

[1] IEEE Std 802.16™-2004. IEEE Standard for Local and metropolitan area networks. Part 16: Air Interface for Fixed Broadband Wireless Access Systems.

[2] IEEE Std 802.16e™-2005. IEEE Standard for Local and metropolitan area networks. Part 16: Air Interface for Fixed and Mobile Broadband Wireless Access Systems.

[3] IEEE 802.16a Standard and WiMAX Igniting Broadband Wireless Access. White Paper. WiMAX Forum.

[4] R.B.Marks. The IEEE 802.16 WirelessMAN Standard for Broadband Wireless Metropolitan Area Networks. IEEE Computer Society, April 2003.

[5] C.Eklund, R.B.Marks, K.L.Stanwood, S.Wang. IEEE Standard 802.16: A Technical Overview of the WirelessMANTM Air Interface for Broadband Wireless Access. IEEE Communications Magazine, June 2002.

[6] IETF RFC 791, Internet Protocol, J. Postel, September 1981.

[7] IETF RFC 2460, Internet Protocol, version 6 (IPv6) specification, S. Deering, R. Hinden, December 1998.

[8] IETF RFC 3095, "RObust Header Compression (ROHC): Framework and four profiles: RTP, UDP, ESP, and uncompressed," C. Bormann, et al, July 2001. <http://www.ietf.org/rfc/rfc3095.txt>

[9] IETF RFC 3545, "Enhanced Compressed RTP (CRTP) for Links with High Delay, Packet Loss and Reordering". T. Koren, S. Casner, J. Geevarghese, B. Thompson, P. Ruddy, July 2003. <http://www.ietf.org/rfc/rfc3545.txt>

[10] IETF RFC 4017, Extensible Authentication Protocol (EAP) Method Requirements for Wireless LANs, D. Stanley, J. Walter, B. Aboba, March 2005. <http://www.ietf.org/rfc/rfc4017.txt>

[11] IETF RFC 3748, "Extensible Authentication Protocol (EAP)," B. Aboba, L. Blunk, J. Vollbrecht, J. Carlson, H. Levkowetz, June 2004. <http://www.ietf.org/rfc/rfc3748.txt>

[12] IETF RFC 3280, "Internet X.509 Public Key Infrastructure Certificate and Certificate Revocation List (CRL) Profile," R. Housley, W. Polk, W. Ford, D. Solo, April 2002. <http://www.ietf.org/rfc/rfc3280.txt>

[13] PKCS #1 v2.0 RSA Cryptography Standard, RSA Laboratories, October 1998. <http://www.rsasecurity.com/rsalabs/pkcs-1>

[14] FIPS 186-2, Digital Signature Standard (DSS), January 2000.

[15] IETF RFC 2716, PPP EAP TLS Authentication Protocol, B. Aboba, D. Simon, October 1999. <http://www.ietf.org/rfc/rfc2716.txt>

[16] IETF RFC 4186, Extensible Authentication Protocol Method for Global System for Mobile Communications (GSM)Subscriber Identity Modules (EAP-SIM), H. Haverinen, Ed., J. Salowey, Ed., January 2006.<http://www.ietf.org/rfc/rfc4186.txt>

[17] WiMAX and IMT-2000. WiMAX Forum website, January, 2007.

[18] IETF RFC 3394, "Advanced Encryption Standard (AES) Key Wrap Algorithm," J. Schaad, R. Housley, September 2002. <http://www.ietf.org/rfc/rfc3394.txt>

[19] FIPS 46-3, Data Encryption Standard. October 1999.

[20] FIPS 74, Guidelines for implementing and using the NBS Data Encryption Standard, April 1991.

[21] FIPS 81, DES modes of operation, December 1980.

[22] FIPS-197, Advanced Encryption Standard (AES).

[23] NIST 800-38C, Special Publication 800-38B—Recommendation for Block Cipher Modes of Operation: The CMAC Mode for Authentication.

[24] FIPS 180-1, Secure Hash Standard, SHS, April 1995.

[25] IETF RFC 3686. Using Advanced Encryption Standard (AES) Counter Mode With IPsec Encapsulating Security Payload (ESP). <http://www.ietf.org/rfc/rfc3686.txt>

[26] IETF RFC 2104, HMAC: Keyed-Hashing for message authentication, H. Krawczyk, M. Bellare, R. Canetti, February 1997.

[27] P802.16m PAR Proposal. IEEE 802.16 Broadband Wireless Access Working Group <http://ieee802.org/16>

[28] IEEE C802.16m-07/007. IEEE 802.16 Broadband Wireless Access Working Group <http://ieee802.org/16>. IEEE 802.16m Requirements.

[29] WiBro website. http://www.wibro.or.kr

[30] Mobile WiMAX – Part I: A Technical Overview and Performance Evaluation, Wi-MAX Forum website, 2006.

[31] IEEE Std 802.16.2-2004 (Revisión de IEEE Std 802.16.2-2001). IEEE Recommended Practice for Local and metropolitan area networks Coexistence of Fixed Broadband Wireless Access Systems.

[32] J.H.Ortiz. Tesis doctoral: Calidad de Servicios en redes MANET. Politécnico Superior de Informática y Telecomunicaciones, Universidad Autónoma de Madrid, 2013.

[33] IEEE Std 802.16-2012. IEEE Standard for Air Interface for Broadband Wireless Access Systems.

Sobre los autores

Andrés Enríquez

Ingeniero de Sistemas, con estudios de Maestría en Administración de Empresas (MBA), Diploma de Estudios Avanzados en Ingeniería Telemática y Master en Telecomunicaciones (MSc©). El Ingeniero Enríquez tiene más de quince (15) años de experiencia en el área de TIC, gestión de proyectos (PMI), diseño e interventoría de infraestructuras tecnológicas y docencia universitaria. Se encuentra vinculado a la Universidad Libre en Cali, Colombia, en calidad de profesor catedrático impartiendo cursos de redes de computadores, sistemas distribuidos y gestión de proyectos TIC. Igualmente, combina la cátedra de carrera con diplomaturas de extensión universitaria, tales como CCNA y CCNP de Cisco Networking Academy donde es instructor desde el año 2004. Adelanta un par de trabajos de investigación en la Universidad del Cauca (Colombia) y CloseMobile (España).

Jesús Hamilton Ortiz

Socio fundador de Closemobile R&D. Con una amplia experiencia en docencia universitaria como: editor, revisor, profesor e investigador científico en Informática y Telecomunicaciones. Jesús Hamilton Ortiz está interesado en las siguientes áreas de investigación: LTE, WiMAX, QoS, Sensor Networks, UAVs, LBS, NGN, QoE, Protocolos, IPv6, Enrutamiento Tv móvil, etc. Además ha sido director y asesor de proyectos de investigación en informática y telecomunicaciones. Jesús cuenta aproximadamente con 20 publicaciones en congresos internacionales y 12 publicaciones en revistas indexadas, además es editor de tres libros sobre redes móviles, redes MANET y Redes de Telecomunicaciones.

Bazil Taha Ahmed

Nació en Mosul, Irak, en 1960. Recibió la licenciatura y el máster en Ingeniero en Electrónica y Telecomunicación en 1982 y 1985, respectivamente. Obtuvo el D.E.A. y el Doctorado en Ingeniería de Telecomunicación por la Universidad Politécnica de Madrid en 2001 y 2003 respectivamente. Ahora trabaja como profesor titular en la Universidad Autónoma de Madrid. Ha publicado más de 100 artículos y documentos científicos sobre propagación electromagnética y sistemas CDMA, particularmente sobre la capacidad de CDMA. Sus intereses en investigación incluyen las tecnologías inalámbricas y su coexistencia, como UMTS, WiMAX, sistemas Ultra Wide Band y redes de área personal (WPAN).

www.ingramcontent.com/pod-product-compliance
Lightning Source LLC
Chambersburg PA
CBHW080552220326
41599CB00032B/6454

* 9 7 8 8 4 9 4 1 8 7 2 2 3 *